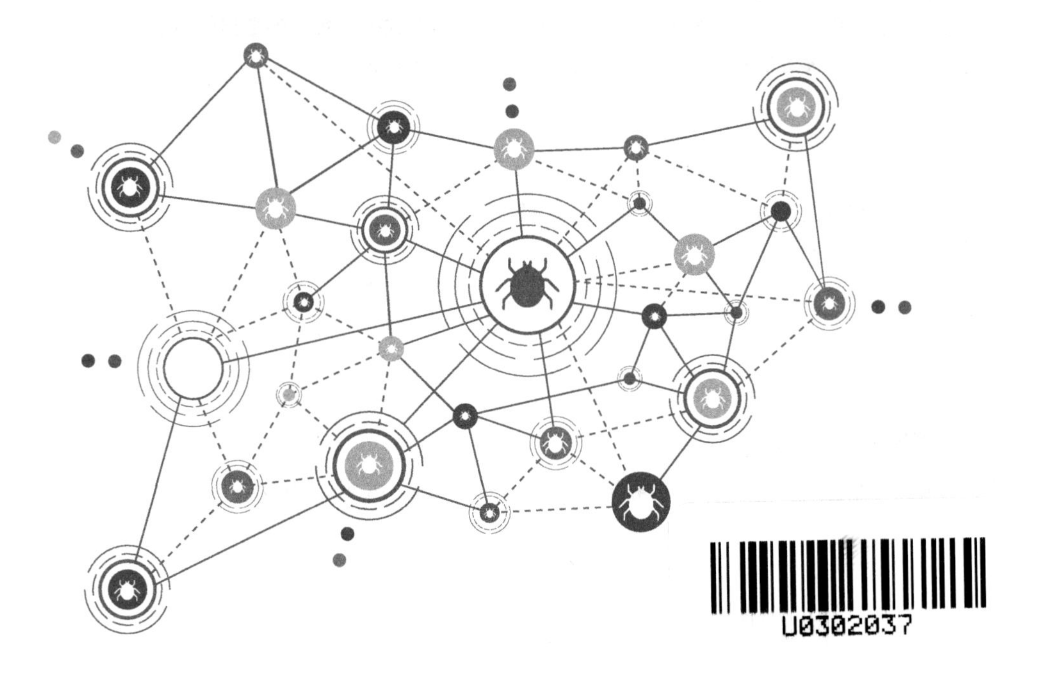

爬虫实战

从数据到产品

贺思聪◎编著

電子工業出版社
Publishing House of Electronics Industry
北京•BEIJING

内 容 简 介

本书从多个数据项目实例出发，介绍爬虫、反爬虫的各种案例，使读者了解到数据抓取和分析的完整过程。书中案例的难度由浅入深，以作者原创的代码为主，不借助现成的框架，强调在数据采集过程中的发散思维，总结攻克反爬虫的思维模式，实现以低成本的方式得到想要的数据的愿望。最后，用一个“爱飞狗”的例子，为读者展示如何从 0 到 1 地开发一个大数据产品。

图书在版编目（CIP）数据

爬虫实战：从数据到产品 / 贺思聪编著. —北京：电子工业出版社，2019.4
ISBN 978-7-121-35508-0

Ⅰ. ①爬… Ⅱ. ①贺… Ⅲ. ①数据处理 Ⅳ.①TP274

中国版本图书馆CIP数据核字(2018)第252494号

责任编辑：牛　勇
印　　刷：北京七彩京通数码快印有限公司
装　　订：北京七彩京通数码快印有限公司
出版发行：电子工业出版社
　　　　　北京市海淀区万寿路 173 信箱　　邮编：100036
开　　本：787×980　1/16　印张：15.25　字数：290 千字
版　　次：2019 年 4 月第 1 版
印　　次：2023 年 7 月第 6 次印刷
定　　价：69.00 元

凡所购买电子工业出版社图书有缺损问题，请向购买书店调换。若书店售缺，请与本社发行部联系，联系及邮购电话：（010）88254888，88258888。

质量投诉请发邮件至 zlts@phei.com.cn，盗版侵权举报请发邮件至 dbqq@phei.com.cn。

本书咨询联系方式：010-51260888-819，faq@phei.com.cn。

前 言

智能设备（如智能手环、百度音箱、扫地机器人等）的普及使收集个人数据变得非常容易。机器性能的提高使得分析、使用数据变得更加自动化。大量的数据结合强大的计算性能，使数据从量变到质变的过程极短，我们的导航早已不再是傻傻地按照既有的策略规划行驶路线，而是一直在向“老司机”学习，不断更新算法，从而带来更精准的预测。

在这个时代，数据就是新一代的资源。我们的身边充满了数据流。我们既是数据流的生产者，也是数据流的消费者。对个人而言，如果能够合理地识别、收集、分析、利用这些数据，就能够在我们做决策时给出一些新的想法。例如，在 GitHub 上一个非常有效的比特币高频交易的源代码，其作者在 2016 年年底到 2017 年 1 月这段时期内，用 6000 元的初始资金赚到了 25 万元。他所利用的就是对比特币这种新交易手段交易数据的洞察，利用机器自动收集分析行情并进行自动化交易。为了解决“什么时候买机票最便宜”的问题，我通过长达两年的数据抓取，收集到上百亿条机票价格数据并进行数据分析及可视化，最后形成了一个名为“爱飞狗”的产品。爱飞狗可将近期各平台的历史价格展示给用户，让不对称的价格信息变得更加透明化。通过对这些数据进行分析，我们可以掌握国内航空公司机票票价变化规律。基于人的经验，在机器学习的帮助下，我的这套方法可以对国内的航班价格提供较为准确的预测，为用户的出行节约成本。

掌握获取信息的能力使我们能够站在更高的角度识别一些规律。例如，在求职的过程中，大量的公司信息很难进行分辨，即便是某些 APP 提供了很多的筛选功能，但仍无法满足我们分析的需求。再如，大量的房产信息淹没在海量数据中，跟踪这些数据的变化或许能够发现一些规律或结论。在这样一个数据丰富的时代，每个人都应该学习一些从数据采集到数据分析的综合技能。

本书从基础知识出发，通过丰富的案例，详细介绍数据抓取和分析的整个过程，帮助读者构建相关能力。

本书不同于大多数介绍爬虫的技术书，不仅讲述如何进行数据抓取，而且通过丰富的案例讲解抓取数据的思路，介绍数据分析、可视化的方法，以及如何根据数据分析结果，开发一个应用，以求为读者提供一个从采集数据到应用数据的完整视角。本书以介绍技术思路为主，不会详细介绍一些特别基础的知识点，例如，Python的基础知识、软件包的安装操作等，所以需要读者自行查阅一些相关资料。另外，由于移动应用、网站等更新速度非常快，当阅读到本书时，可能书中介绍的一些方法已经发生了变化，读者可以自行研究，把知识灵活地运用到实践中。

特别声明

本书仅限于讨论爬虫技术，书中展示的案例只是为了读者更好地理解抓取的思路和操作，达到防范信息泄露、保护信息安全的目的，请勿用于非法用途！严禁利用本书所提到的技术进行非法抓取，否则后果自负，本人和出版商不承担任何责任。

目　录

第 1 章

基础知识

1.1 什么是爬虫

爬虫是“网络爬虫”的简称，在百度百科上网络爬虫的定义是：

网络爬虫（又被称为网页蜘蛛、网络机器人，在 FOAF 社区中，经常被称为网页追逐者），是一种按照一定的规则，自动抓取互联网信息的程序或者脚本。另外一些不常使用的名字还有蚂蚁、自动索引、模拟程序或者蠕虫。

我们最常接触的网络爬虫是百度、搜搜、谷歌（Google）等公司的搜索引擎，这些搜索引擎通过互联网上的入口获取网页，实时存储并更新索引。搜索引擎的基础就是网络爬虫，这些网络爬虫通过自动化的方式进行网页浏览并存储相关的信息。

在互联网的早期，大多数网站都是静态网站，没有大量的图片，更没有大量视频素材，那时的网络爬虫只要能处理静态的 HTML 网页。随着互联网内容的不断丰富，搜索文字、图片，甚至视频都成了最基本的需求。

技术上，AJAX、单页面应用、HTML5 等网页技术的发展淘汰了单纯的静态页面爬虫，类似搜索引擎的通用爬虫能够加载并处理好动态页面已成为基本的要求。另外，由于过于复杂的动态网页会给搜索引擎带来很大的困扰，因此大多数网站会在动态网站的基础上，通过 SEO（Search Engine Optimization，搜索引擎优化）对部分想要被搜索到的信息引入静态网页，以便能够更方便地被搜索引擎搜索到（进而容易被普通用户搜索到）。

近几年，互联网开始朝着移动应用的方向发展。海量的信息从移动端生产并消费，遗憾的是，搜索引擎通常并不能触及这些信息。例如，抖音等短视频 APP 中的视频，目前还不能在百度等搜索引擎搜索到；淘宝的商品信息也无法在常规搜索引擎中搜索到（只能在淘宝的 APP 中搜索到），等等。由于这些信息无法通过网页搜索到，因此搜索引擎不适合解决此类问题。在商务上，厂商之间可以通过合作的方式对移动应用中的内容进行查询，例如，搜狗就能搜索到微信公众号的信息。在技术上，可以开发定向爬虫抓取页面信息，再对其中的数据进行处理，例如各种比价网站收集价格信息的过程等。

定向爬虫

定向爬虫抓取的是特定的信息，它获取信息的方式多种多样，存储及分析的方式也随着应用不同而不同。信息既可能存在于网页之中，又可能存在于各种移动端应用中。

对于定向的静态网页的抓取，我们会分析出需要抓取的网站，然后根据链接的内容、关键字等信息决定下一个网页的抓取。这种网页的抓取极具针对性，只需找到遍历的方式方法即可。通用的爬虫框架能够减轻一部分开发工作，但自己针对特定需求写一个专用的爬虫也不难。

在丰富的移动资源中存在大量的有用信息，并且绝大多数应用都采取了前后端分离的架构设计。前端调用后端的 API，后端会为前端提供结构化或者半结构化的数据（一般是 JSON 格式），所以通过分析数据来源的 API，可以模拟调用这些 API 来获取信息。结构化、半结构化的数据非常有利于数据处理，这也给数据存储、处理、分析带来了很大的便利。

1.2 数据获取渠道

数据获取的渠道多种多样，当一条路走不通时，可以试试其他渠道。常见的渠道有如下四类。

1. 网站

很多非移动专享的应用都有自己的网站。网站可分为 PC 端和移动端两种，很多时候，它们对于反爬虫行为的防范并不一致。网站对应的调试工具很多，可以更加方便地进行破解。但很多网站都有许多防范措施，导致分析、抓取信息的成本较高。

2. 手机 APP

某些应用则只有手机 APP 版本，完全没有提供网站，典型的 APP 有“摩拜单车”“立刻出行”等。针对这些应用，我们可以使用抓包工具抓取 APP 的流量并对请求进行分析。mitmdump 等工具可以拦截流量，再结合 Appium 模拟用户的单击行为，从而进行自动化的数据获取。

3. 小程序

越来越多的应用都开发了微信小程序或支付宝小程序。小程序提供了快捷的访问路径，也为数据获取提供了新的途径。小程序多用 JavaScript 书写，因此可以方便地进行反编译。在技术上，由于小程序相对比较新，很多在方面设计欠佳，导致加密签名的方法可以被反编译出来，从而顺利获取 API 的访问方式。对此，小程序开发者可以考虑登录验证的方式，即对访问进行验证，从而阻止非预期的高频访问。

4. 搜索引擎

搜索引擎上保存了大量的网站信息，如果不能从网站直接抓取，则可以考虑抓取搜索引擎的快照页面。快照页面中的信息有可能不是最新的，但可以在一定程度上帮助我们获取数据。例如，“天眼查”的新界面中已经隐藏了一些信息，但百度的快照中依然存在一些旧的信息（例如联系电话、邮箱等），通常这些信息不会轻易变更。当然搜索引擎也有一些防抓取的措施，以及页面访问数量等限制，我们可以通过缩小关键字范围，或使用搜索工具限制时间等措施减少页面的总量。

1.3 抓包分析工具

1. Charles

Charles 是一款跨平台的抓包软件，它本质上是一款代理软件，当应用将流量转发到 Charles 时，它能够对数据包进行拦截、分析以及修改，从而达到分析网络流量的目的。它能够支持任何允许设置网络代理的软件，支持的代理类型包括 HTTP 代理、HTTPS 代理、Socks5 代理。

在浏览器上设置 Charles 和普通的代理设置并无差异，在此不再赘述。在移动端配置时，由于 Android 的某些应用会忽略系统的全局代理，所以 Charles 无法获得流量。这时候就要借助 Postern 这款软件进行流量的转发。Postern 会模拟出一个 VPN 来拦截系统的所有流量，并转发到 Charles 中。Postern 可以自定义规则，选择性地将流量转发到 Charles 中，从而过滤一些无用的信息。

Charles 还提供了编辑请求、生成 curl 命令等非常实用的功能，在后面的例子中将会介绍。

需要注意的是，Android 7 及 iOS 的系统中引入了 SSL Pinning 技术，因此无法抓取到一些 HTTPS 的请求。SSL Pinning 会检查客户端的证书是否和服务端的证书相匹配，如果不匹配则断开连接。由于 Charles 属于代理软件，可以认为是中间人攻击软件，因此解密 SSL 时需要安装 Charles 的证书才能解密在 Android 7 之前的版本，手机上安装了 Charles 的证书后，客户端验证证书链时认为证书是匹配的，从而可以建立连接。

绕过 SSL Pinning 的方法有：

- 使用 Android 7 以下版本的手机，这是最为简单有效的方案。
- 破解 Android 7 以上的手机并进行 root，安装 Xposed 框架，然后安装 JustTrustMe 进行破解；或者对 root 过的手机使用 Frida 结合 Universal Android SSL Pinning Bypass with Frida 脚本。

2. Packet Capture

Packet Capture 是 Android 系统上一款好用的抓包软件，它无须对手机进行 root，即可方便地查看流量的细节，因为它可以模拟成一个 VPN 对应用程序的请求进行抓包。与 Charles 相比，Packet Capture 有以下不同：

- 只能在手机上抓取、查看，处理起来不是很方便。常用来做快速抓包，或判定请求的类型和参数等。
- 不能修改网络的流量。
- 能够针对特定的 APP 进行流量拦截，这样可以减少一些软件的后台通信对抓包的干扰。
- 以 VPN 的形式提供服务，可以抓取设置代理后无法工作的软件。

3. mitmproxy

mitmproxy 是用 Python 和 C 开发的一款中间人代理软件。与 Charles 类似，mitmproxy 可在终端下运行，并且可以用来拦截、修改、重放和保存 HTTP/HTTPS 请求。与 Charles 不同的是，mitmproxy 可以利用 Python 脚本进行定制化的操作。通常来讲，我们会用 Charles 进行一系列分析，在需要拦截、修改、保存请求时再使用 mitmproxy 工具及其脚本。

1.4 爬虫和反爬虫的斗争

1. 常见的方法

在抓取对方网站、APP 应用的相关数据时，经常会遇到一系列的方法阻止爬虫。一方面是为了保证服务的质量，另一方面是保护数据不被获取。常见的一些反爬虫和反反爬虫的手段如下。

（1）IP 限制

IP 限制是很常见的一种反爬虫的方式。服务端在一定时间内统计 IP 地址的访问次数，当次数、频率达到一定阈值时返回错误码或者拒绝服务。这种方式比较直接简单，但在 IPv4 资源越来越不足的情况下，很多用户共享一个 IP 出口，典型的如“长城宽带”等共享型的 ISP。另外手机网络中的 IP 地址也是会经常变化的，如果对这些 IP 地址进行阻断，则会将大量的正常用户阻止在外。

对于大多数不需要登录就可以进行访问的网站，通常也只能使用 IP 地址进行限制。比如“Freelancer 网站”，大量的公开数据可以被访问，但同一个 IP 地址的访问是有一定的限制的。针对 IP 地址限制非常有效的方式是，使用大量的“高匿名”代理资源。这些代理资源可以对源 IP 地址进行隐藏，从而让对方服务器看起来是多个 IP 地址进行访问。另一种限制方式是，根据业务需要，对国内、国外的 IP 地址进行单独处理，进而对国外的高匿名代理进行阻断，例如使用海外的 IP 地址访问“天眼查网站”则无法访问。

（2）验证码

验证码是一种非常常见的反爬虫方式。服务提供方在 IP 地址访问次数达到一定数量后，可以返回验证码让用户进行验证。这种限制在不需要登录的网页界面比较常见，它需要结合用户的 cookie 或者生成一个特殊标识对用户进行唯一性判断，以防止同一个 IP 地址访问频率过高。验证码的存在形式非常多，有简单的数字验证码、字母数字验证码、字符图形验证码，网站也可以用极验验证码等基于用户行为的验证码。针对简单验证码，可以使用打码平台进行破解。这种平台通过脚本上传验证的图片，由打码公司雇用的人工进行识别。针对极验验证等更复杂的验证码，可以尝试模拟用户的行为绕过去，但通常比较烦琐，难度较大。谷歌所用的验证码更为复杂，通常是用户端结合云端进行手工打码，但会带来整体成本较高的问题。

要想绕过这些验证码的限制，一种思路是在出现验证码之前放弃访问，更换 IP 地址。ADSL 拨号代理提供了这种可能性。ADSL 通过拨号的方式上网，需要输入 ADSL 账号和密码，每次拨号就更换一个 IP 地址。不同地域的 IP 地址分布在多个地址段，如果 IP 地址都能使用，则意味着 IP 地址量级可达千万。如果我们将 ADSL 主机作为代理，每隔一段时间主机拨号一次（换一个 IP），这样可以有效防止 IP 地址被封禁。这种情况下，IP 地址的有效时限通常很短，通常在 1 分钟以下。结合大量的 ADSL 拨号代理可以达到并行获取大量数据的可能。如果网站使用了一些特殊的唯一性的标识，则很容易被对方网站识别到，从而改进反爬虫策略，面对这种情况，单独切换 IP 地址也会无效。遇到这种情况，必须要搞清楚标识的生成方式，进而模拟真实用户的访问。

（3）登录限制

登录限制是一种更加有效的保护数据的方式。网站或者 APP 可以展示一些基础的数据，当需要访问比较重要或者更多的数据时则要求用户必须登录。例如，在天眼查网站中，如果想要查看更多的信息，则必须用账号登录；“知乎”则是必须在登录后才能看到更多的信息。登录后，结合用户的唯一标识，可以进行计数，当访问频度、数量达到一定阈值后即可判断为爬虫行为，从而进行拦截。针对“登录限制”的方法，可以使用大量的账号进行登录，但成本通常比较高。

针对微信小程序，可以使用 wx.login()方法，这种方式不需要用户的介入，因而不伤害用户的体验。小程序调用后会获取用户的唯一标识，后端可以根据这个唯一标识进行反爬虫的判断。

（4）数据伪装

在网页上，我们可以监听流量，然后模拟用户的正常请求。mitmproxy 等工具可以监听特定网址的访问（通常是 API 的地址），然后将需要的数据存储下来。基于 Chrome Headless 的工具也可以监听到流量并进行解析。在这种情况下，某些网站会对数据进行一些伪装来增加复杂度。例如，在某网站上展示的价格为 945 元，在 DOM 树中是以 CSS 进行了一些伪装。要想得到正确的数值，必须对 CSS 的规则进行一些计算才行，某网站上展示的价格如图 1-1 所示。

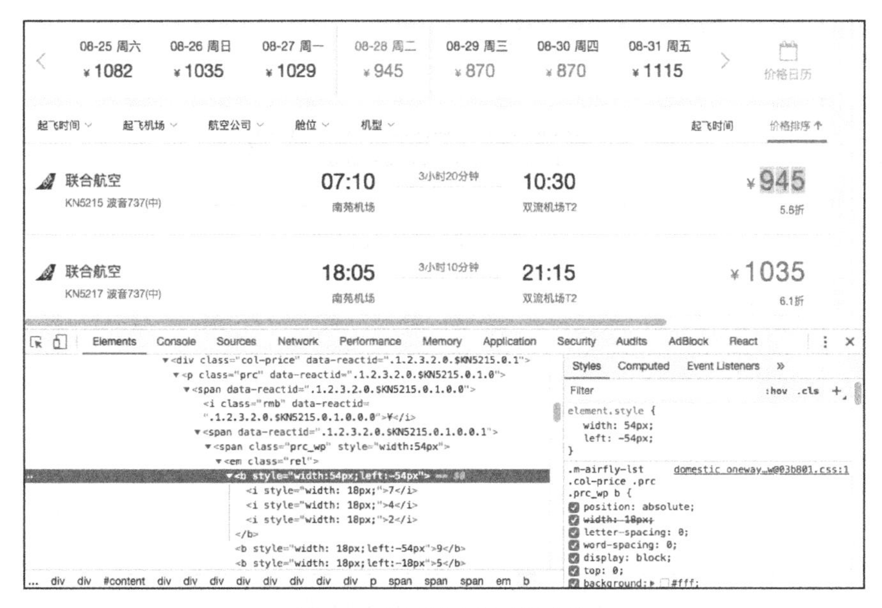

图 1-1　某网站上展示的价格

该网站使用特殊的字体对数据进行了伪装。例如，3400，对应显示的是 1400，如图 1-2 所示。如果能够找到所有的字体对应的关系，则可以逆向出正确的价格。

某电影网站使用特殊的字符进行数据隐藏，这种不可见的字符会增加复杂度，但还是可以通过对应的 UTF-8 字符集找到对应关系，从而得到正确的值，如图 1-3 所示。

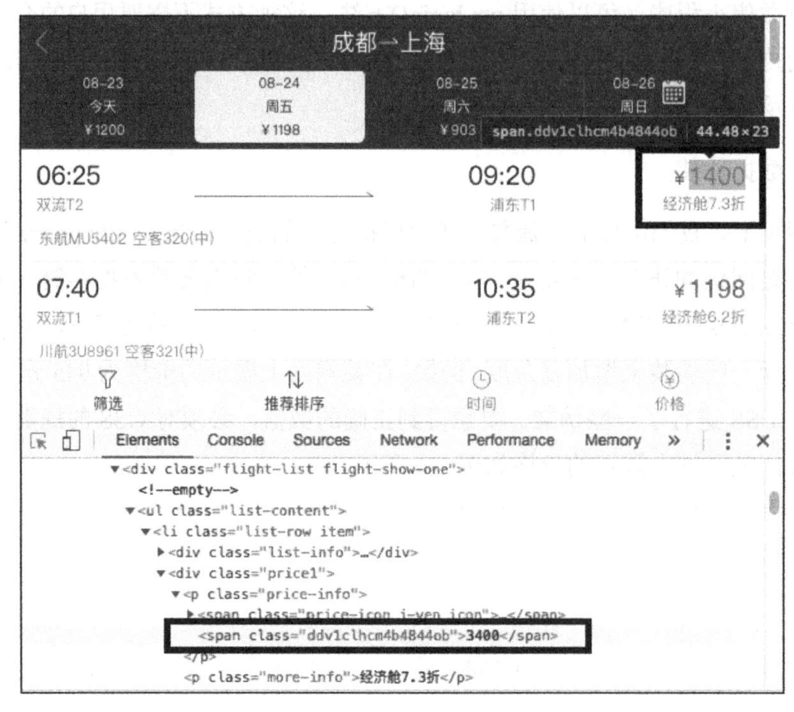

图 1-2　3400 显示为 1400

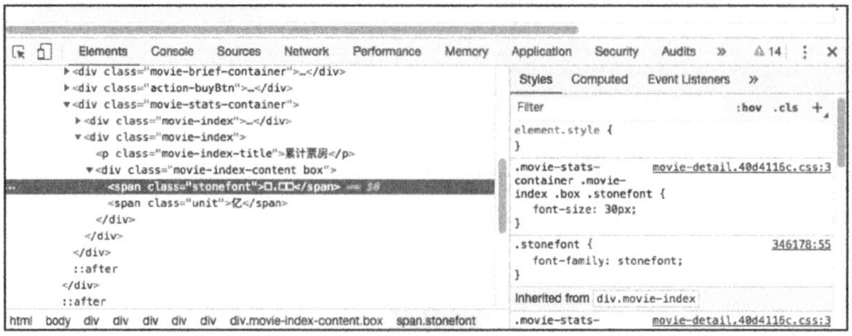

图 1-3　网站用特殊字符进行伪装

对于这种伪装，可以人工分析目标网站的前端代码，对 CSS、JavaScript 和字符进行分析，推导出计算公式。在这种情况下，使用爬虫必须要非常小心，因为很可能目标网站进行改版后，规则已经发生了变化，抓取到的数据便会无效。在爬虫程序的维护上可以增加一些数据有效性的检查，通过自动化或者人工的方式进行检查。例如，针对机票数据可以检查价格是否在一个合理的区间范围内，如果超出，则认为规则已经变化。更为复杂的方案是可以借助 OCR 技术，对所需要的区域进行识别，然后对比抓取到的结果。

（5）参数签名

设计良好的 API 通常都要对参数使用签名（sign）来驱避非法请求，常见于手机 APP。APP 通过加密算法对请求的参数进行运算，从而得到一个签名。这个签名通常和时间戳相关，并且在请求中附加上时间戳。在请求的参数固定的情况下，能够在一小段时间内生效。当请求发送到服务端后，服务端对参数、时间戳进行验证，比较签名是否一致。如果不一致，则判断为非法请求。这样做的好处是，可以保护请求，即便是被抓包，在很短时间内这个请求就会失效。获取 APP 端的加密算法一般较为困难，通常需要进行反编译才能获得加密算法。然而现阶段绝大多数 APP 已经被加壳（典型的如 360 加固、爱加密等），要进行反编译都很困难。另一种保护措施是，将加密算法放到原生代码中进行编译，通常这些代码是 C 或 C++代码。由于原生代码相对于 Java 代码更难进行逆向工程，所以这给反编译又带来了更多的麻烦。

针对这种参数签名的方法，没有太好的途径能够来解决，在逆向反编译无果的情况下，可以试着找寻有没有其他的入口，例如，HTML5、微信小程序等。如果它们请求了相同的 API，则很有可能在源代码中包含了加密算法。幸运的是，基于 JavaScript 开发的应用非常容易逆向分析，能够很快地获取加密算法，从而绕过 APP 的保护机制。如果这些方法都不奏效，则可以考虑模拟用户操作应用，通过抓包的方式采集到流量中的信息。但这种方式效率较低，如果要发出多个并发的请求，往往需要多个设备同时进行。

（6）隐藏验证

更复杂的反爬虫的方式之一是，隐藏验证。例如，在网站的防护上，通过 JavaScript 请求一些特殊的网址，可以得到一些特定的令牌（token），这样每次请求时即可生成不同的令牌。甚至有些网站会在不可见的图片加上一些特殊的请求参数，从而识别是否是真正的浏览器用户。这种情况下，想直接获取 API 进行请求通常行不通或者非常困难，只能通过 Chrome Headless 等工具模拟用户的行为，从而规避这种情况。

（7）阻止调试

在分析某旅游网站时发现，一旦打开浏览器的控制台界面，就会无限触发浏览器的 debugger 指令。深入研究代码发现，该网站在一个名为 leonid-tq-jq-v3-min.js 中给所有的构造函数都加上了 debugger 这个关键字，导致任何对象的生成都会触发调试器。这样做的目的是阻止意外的脚本或程序进行跟踪调试，从而保护代码。这种情况下，可以构建一个修改过的 js 文件，去掉 debugger 关键字，使用 mitmproxy 转发流量并拦截 leonid-tq-jq-v3-min.js，将改后的 js 文件返回给浏览器，从而绕过这个限制，某旅游网调试界面如图 1-4 所示。

图 1-4　某旅游网调试界面

2. 代理服务器

代理服务器是爬虫工具的基本武器，既可以隐藏真实的访问来源，又可以绕过大部分网站都会有的 IP 地址的访问频度的限制。常见的代理有 HTTP 代理和 HTTPS 代理两种，根据匿名程度的不同，可以将代理级别分为以下 5 种。

（1）高匿名代理

高匿名代理会将数据包原封不动地转发，从服务端来看，就像是真的一个普通客户端在访问，而记录的 IP 地址是代理服务器的 IP 地址，可以对很好地隐藏访问源，所以这种代理为爬虫工具首选。

（2）普通匿名代理

普通匿名代理会在数据包上做一些改动，代理服务器通常会加入的 HTTP 头有 HTTP_VIA 和 HTTP_X_FORWARDED_FOR 两种。根据这些 HTTP 头，服务端可以发现这是一个代理服务器，并且可以追踪到客户端的真实 IP 地址。

（3）透明代理

透明代理不仅改动了数据包，还会告诉服务器客户端的真实 IP 地址，因此在抓取数据时应该避免使用这种代理服务器。

网上有一些免费代理列表网站会定期扫描互联网，从而获取一些代理服务器的信息，然后将这些信息公布出来。这些代理服务器的有效期可能比较短，也容易被滥用，质量通常较差，所以需要客户端自己筛选出可用的代理。

在代理的种类上，HTTP 代理最多，HTTPS 代理较少。在互联网倡导 HTTPS 的趋势下，单纯使用 HTTP 代理是无法访问 HTTPS 网址的。大部分往往网站会同时保留 HTTPS 和 HTTP 的访问，所以可以试着将 HTTPS 网址改为 HTTP（协议），一个原则是，如果网站的 HTTP 可以用，则不要使用 HTTPS。原因是 HTTPS 需要多次握手，速度比较慢，经过代理之后会显得更慢。HTTP 则会快很多，而且代理服务器可选资源较多，HTTP 代理列表如图 1-5 所示，HTTPS 代理列表如图 1-6 所示。

HTTP免费HTTP代理IP_第1页

Not Secure | www.xicidaili.com/wt/

HTTP代理IP
XiciDaili.com

首页 API提取 国内高匿代理 国内普通代理 国内HTTPS代理 国内HTTP代理 代理小百科

当前位置：首页 > HTTP代理

国家	IP地址	端口	服务器地址	是否匿名	类型	速度	连接时间	存活时间	验证时间
		808	浙江宁波	高匿	HTTP			1天	18-08-27 15:32
		3128	广东深圳	透明	HTTP			670天	18-08-27 15:32
		53281	浙江绍兴	透明	HTTP			32天	18-08-27 15:30
		3128	云南昆明	透明	HTTP			144天	18-08-27 15:30
		808	河南郑州	高匿	HTTP			1天	18-08-27 15:30
		80	北京	高匿	HTTP			836天	18-08-27 15:30
		80	北京	高匿	HTTP			17天	18-08-27 15:30
		9001	广西	高匿	HTTP			66天	18-08-27 15:30
		9001	广西	高匿	HTTP			66天	18-08-27 15:30
		39995	安徽宿州	高匿	HTTP			5分钟	18-08-27 15:20
		3128	云南昆明	透明	HTTP			22天	18-08-27 15:11
		44505	江苏泰州	高匿	HTTP			194天	18-08-27 15:11
		808	河南	高匿	HTTP			515天	18-08-27 15:11
		8010	福建莆田	高匿	HTTP			48天	18-08-27 15:00
		25230	浙江丽水	高匿	HTTP			4分钟	18-08-27 14:50
		8123	广西玉林	高匿	HTTP			1分钟	18-08-27 14:45
		1133	辽宁葫芦岛	高匿	HTTP			13天	18-08-27 14:33
		21495	浙江温州	高匿	HTTP			65天	18-08-27 14:22
		9090	北京	透明	HTTP			1分钟	18-08-27 14:16
		8123	广西北海	高匿	HTTP			379天	18-08-27 14:11
		8866	中电华通	高匿	HTTP			67天	18-08-27 14:03
		10800	浙江杭州	透明	HTTP			11天	18-08-27 13:51
		8118	山东威海	高匿	HTTP			2小时	18-08-27 13:50

图 1-5　HTTP 代理列表

HTTPS免费HTTP代理IP_第1页

Not Secure | www.xicidaili.com/wn/

HTTPS代理IP
XiciDaili.com

首页 API提取 国内高匿代理 国内普通代理 国内HTTPS代理 国内HTTP代理 代理小百科

当前位置：首页 > HTTPS代理

国家	IP地址	端口	服务器地址	是否匿名	类型	速度	连接时间	存活时间	验证时间
		8123	江苏	高匿	HTTPS			1分钟	18-08-27 15:33
		14823	浙江杭州	透明	HTTPS			81天	18-08-27 15:32
		8118	四川成都	高匿	HTTPS			3天	18-08-27 15:31
		8866	中电华通	高匿	HTTPS			67天	18-08-27 15:31
		3128		透明	HTTPS			32天	18-08-27 15:30
		3128	北京	透明	HTTPS			91天	18-08-27 15:30
		3128	北京	透明	HTTPS			179天	18-08-27 15:30
		8080		透明	HTTPS			7天	18-08-27 15:30
		3128	移动	透明	HTTPS			32天	18-08-27 15:30
		3129	辽宁沈阳	透明	HTTPS			50天	18-08-27 15:30
		3128	北京	高匿	HTTPS			8天	18-08-27 15:30
		3129	辽宁沈阳	透明	HTTPS			31天	18-08-27 15:30
		3129	辽宁沈阳	透明	HTTPS			72天	18-08-27 15:30
		3128	广东深圳	透明	HTTPS			1天	18-08-27 15:30
		9797	广东深圳	透明	HTTPS			6小时	18-08-27 15:23
		80	北京	透明	HTTPS			186天	18-08-27 15:22
		808	浙江杭州	高匿	HTTPS			6天	18-08-27 15:21
		80	湖北	高匿	HTTPS			2小时	18-08-27 15:21
		9999	陕西西安	透明	HTTPS			404天	18-08-27 15:16
		53128	江苏无锡	高匿	HTTPS			103天	18-08-27 15:11
		9090	北京	透明	HTTPS			76天	18-08-27 15:11
		44237	江苏泰州	高匿	HTTPS			1分钟	18-08-27 15:11
		36740	山东	高匿	HTTPS			1分钟	18-08-27 15:11

图 1-6　HTTPS 代理列表

（4）洋葱代理

洋葱代理（The Onion Router，TOR）是用于访问匿名网络的软件，可以防止传输到互联网上的流量被其他人过滤、嗅探或分析。洋葱代理在国内无法使用，如果需要抓取国外的网站，可以在海外的服务器上搭建洋葱代理，通过它提供的 Socks5 代理端口进行匿名访问。洋葱代理的 IP 地址可以进行受控的切换，从而得到不同的出口 IP 地址。但遗憾的是，洋葱代理要经过多层的加密和跳转，延迟时间很长，也不稳定，出口的 IP 地址也并不是随机地在全球出口选择，而是固定在一定的区间内，因而洋葱代理在多并发、高速的场合下并不适用。

（5）付费代理资源

如果能够做好代理的质量筛选，那么大部分场景下免费代理资源都是够用的。付费代理资源通常用在需要更为稳定的访问场合或者免费资源不够用的情况下。ADSL 拨号代理可以提供大量的国内 IP 资源，还可以指定省份。ADSL 拨号代理服务器可以每隔几秒钟就更换 IP 地址，所以服务器看到的是来自不同的 IP 地址的访问。由于使用该 IP 地址的时间不长，不大可能被服务器屏蔽，所以通常数据抓取质量比较稳定，能够持续使用。获得这些代理的方式有以下两种：

- 代理列表。服务商会提供一个代理列表访问地址，每次可以提取一定数量的代理服务器。这些代理服务器通过 ADSL 代理获得，它们通常存活时间不长，根据服务商的不同，一般存活时间在两三分钟之内。客户端必须不断地刷新代理服务器列表以取得最新的代理列表数据。
- 服务提供商会提供一个固定的访问地址和账号，通过访问这个固定的地址，可以得到不停更换的出口 IP 地址。代理商在服务期内会通过二次代理随机地将请求分发到不同的代理服务器上。这种方式对于客户端来说访问是透明的，适用于无法通过编程获得代理服务器列表的应用。

另外，ADSL 拨号代理也可以自行搭建，方法是购买具有 ADSL 拨号网络的服务器资源，使用脚本定时拨号，等待一段时间后挂断，从而获得不断变化的 IP 地址。

3. 构建自己的代理池

网络上存在着大量的代理列表可以免费获取，虽然有效性通常少于 10%，但基于庞大的数量（通常每日可获得上万个），也会有近千个代理可以用。在 GitHub 上有很多抓取这类代理的项目，但质量良莠不齐，很难满足需要。经过对比后，我选择了 ProxyBroker 这个项目。

ProxyBroker 是一个开源项目，可以从多个源异步查找公共代理并同时检查它们的有效性。它比较小巧，代码不复杂且易于扩展，不依赖于 Redis 等第三方依赖，非常专注地做好了抓取代理这件事。

特点：

- 从大约 50 个来源中找到 7000 多个代理工作。
- 支持协议：HTTP/HTTPS，Socks4/5；还支持 CONNECT 方法的 80 端口和 23 端口（SMTP）。
- 代理可以按照匿名级别、响应时间、国家和 DNSBL 中的状态进行过滤。
- 支持充当代理服务器，将传入的请求分发到外部代理，使用自动代理轮换。
- 检查所有代理是否支持 cookie 和 Referer（如需要，还检查 POST 请求）。
- 自动删除重复的代理。
- 异步获取。

ProxyBroker 支持命令行操作，可以作为一个单独的工具使用。

（1）查询可用代理

使用下面的命令可查询到前 10 个美国的高匿名代理，并且支持 HTTP 和 HTTPS。

```
$ proxybroker find --types HTTP HTTPS --lvl High --countries US -strict
    -l 10
<Proxy US 0.33s [HTTP: High] 8.9.31.195:8080>
<Proxy US 0.71s [HTTP: High] 104.139.71.46:64663>
<Proxy US 0.81s [HTTP: High] 47.75.64.102:80>
<Proxy US 0.89s [HTTP: High] 50.93.200.237:2018>
<Proxy US 0.93s [HTTP: High] 207.246.69.83:8080>
<Proxy US 0.28s [HTTP: High] 47.75.48.149:80>
<Proxy US 0.28s [HTTP: High] 47.75.39.130:80>
<Proxy US 0.30s [HTTP: High] 47.75.97.82:80>
<Proxy US 0.60s [HTTPS] 205.202.42.230:8083>
<Proxy US 0.40s [HTTP: High] 47.75.126.109:80>
```

（2）抓取列表并输出到文件中

使用下面的命令可查询前 10 个美国的高匿名代理到 proxies.txt 文件中，但是不执行代理种类和连通性的检查。

```
$ proxybroker grab --countries US --limit 10 --outfile ./proxies.txt
$ cat proxies.txt
<Proxy US 0.00s [] 75.128.59.155:80>
<Proxy US 0.00s [] 8.46.64.42:1080>
<Proxy US 0.00s [] 206.71.228.193:8841>
<Proxy US 0.00s [] 69.59.84.76:14471>
<Proxy US 0.00s [] 98.142.237.108:80>
<Proxy US 0.00s [] 104.139.73.239:19330>
<Proxy US 0.00s [] 216.54.3.252:27723>
<Proxy US 0.00s [] 24.227.184.162:1080>
<Proxy US 0.00s [] 8.9.31.195:8080>
<Proxy US 0.00s [] 206.189.85.147:1080>
```

（3）作为代理服务器使用

ProxyBroker 可以作为代理服务器使用。在这种模式下可以很方便地进行 IP 地址的自动切换，对应用程序透明，对于一些既有的应用程序来说，使用代理服务器来隐藏身份十分方便。

用法：在一个终端窗口中启动代理服务器。

```
$ proxybroker serve --host 127.0.0.1 --port 8888 --types HTTP HTTPS -lvl
    High
Server started at http://127.0.0.1:8888
```

在另一个终端窗口中，使用这个代理地址访问 ifconfig.co，即可得到你的代理服务器地址，而不是你的 IP 地址。

当前网络的 IP 地址：

```
$ curl ifconfig.co
202.56.38.130
```

使用高匿名代理后的 IP 地址：

```
$ curl -x http://localhost:8888 ifconfig.co
191.103.88.21
```

更多的命令及选项可以通过执行 proxybroker --help 获取。

（4）扩展

若命令行提供的功能并不符合我们的需求，可以对其核心进行扩展以满足我们的需求。下面这个例子来自 ProxyBroker 官方代码，目的是显示找到的代理的详细信息：

```
import asyncio
from proxybroker import Broker

async def show(proxies):
    while True:
        proxy = await proxies.get()
        if proxy is None: break
        print('Found proxy: %s' % proxy)

proxies = asyncio.Queue()
broker = Broker(proxies)
tasks = asyncio.gather(
    broker.find(types=['HTTP', 'HTTPS'], limit=10),
    show(proxies))

loop = asyncio.get_event_loop()
loop.run_until_complete(tasks)
$ python3 proxy-broker.py
Found proxy: <Proxy HK 0.24s [HTTP: High] 47.90.87.225:88>
Found proxy: <Proxy HK 0.24s [HTTP: High] 47.52.231.140:8080>
Found proxy: <Proxy HK 0.25s [HTTP: High] 47.89.41.164:80>
Found proxy: <Proxy ID 0.32s [HTTP: Transparent] 222.124.145.94:8080>
Found proxy: <Proxy US 0.40s [HTTP: Transparent] 47.254.22.115:8080>
Found proxy: <Proxy US 0.37s [HTTP: High] 40.78.60.44:8080>
Found proxy: <Proxy ID 0.37s [HTTP: High] 103.240.109.171:53281>
Found proxy: <Proxy MX 0.38s [HTTP: High] 201.167.56.18:53281>
Found proxy: <Proxy EC 0.51s [HTTP: High] 190.214.0.154:53281>
Found proxy: <Proxy RU 0.54s [HTTP: High] 46.173.191.51:53281>
```

更多的例子可以参考 ProxyBroker 官方文档。

（5）构建自己的代理列表池

我们想构造一个代理池，它仅包含一系列不断刷新的高匿名代理，以方便客户端的使用。这个代理池仅仅提供代理服务器的地址，并不需要处理额外的事情，客户端拿到这些代理服务器地址后，需要对这个列表按照自己的需求进行处理。例如，对代理进行筛选，对代理服务器的有效性进行评估，对代理服务器进行质量排序，定时刷新代理列表，等等。

某些代理池软件设计得较为复杂，将代理的筛选、评价逻辑放到了代理池内部进行处理，暴露给客户端的好像是使用一个代理地址，虽然这在一定程度上简化了客户端的逻辑，但由于各个客户端对代理的使用不尽相同，因此往往限制了客户端以最佳的方式来使用代理列表。

当然，简化的代理池也存在一些优点和弊端：

- 客户端可能有重复的逻辑，但这种逻辑可以通过代码共享、包共享等方式消除。
- 有些客户端无法修改源代码，无法植入代理使用的逻辑。

在设计上，通过爬虫的方式获取的代理失效得都比较快，因此我们可以将 ProxyBroker 获取的代理服务器地址源源不断地放到 Redis 缓存中，以提供一个含有大量代理地址的列表。首先，对于每个代理，我们需要设置一天的有效期（或者更短），以便能够自动清除过期的代理。其次，我们需要提供一个简单的 HTTP 代理服务器，以便能够为应用程序提供一个代理服务器列表的访问入口。

通过 ProxyBroker 获取代理：

```
#Proxy-pool-gather.py
import asyncio

import datetime
import logging

from proxybroker import Broker
import redis

r = redis.Redis(host='localhost', encoding="UTF-8",
    decode_responses=True)

expire_time_s = 60 * 60 * 24    #一天后过期
```

```
async def save(proxies):
    while True:
        proxy = await proxies.get()
        if proxy is None:
            break
        if "HTTP" not in proxy.types:
            continue
        if "High" == proxy.types["HTTP"]:
            print(proxy)
            row = '%s://%s:%d' % ("http", proxy.host, proxy.port)
            r.set(row, 0, ex=expire_time_s)

while True:
    proxies = asyncio.Queue()
    broker = Broker(proxies, timeout=2, max_tries=2, grab_timeout=3600)
    tasks = asyncio.gather(broker.find(types=['HTTP', 'HTTPS']),
                       save(proxies))
    loop = asyncio.get_event_loop()
    loop.run_until_complete(tasks)
```

HTTP 服务器展示代理列表：

```
#Proxy-http-server.py
from flask import Flask
from flask_restful import Resource, Api
import redis

app = Flask(__name__)
api = Api(app)

r = redis.Redis(host='localhost', encoding="UTF-8",
    decode_responses=True)

class Proxy(Resource):
    def get(self):
        return r.keys("*")

api.add_resource(Proxy, '/proxy.json')

if __name__ == '__main__':
    app.run(host="0.0.0.0", port=8000)
```

在一个终端中运行 python3 proxy-pool-gather.py 后可以看到代理已经开始抓取工作。在另一个终端中运行 python3 proxy-http-server.py，访问 http://localhost:8000/proxy.json 会返回代理列表，如图 1-7 所示。

127.0.0.1:8000/proxy.json
127.0.0.1:8000/proxy.json
Raw Parsed
[
"http://79.110.120.214:8080",
"http://46.33.32.250:8080",
"http://178.128.146.123:8080",
"http://185.91.171.16:41258",
"http://47.75.146.129:80",
"http://87.120.193.167:8080",
"http://95.143.128.216:41258",
"http://47.75.140.236:80",
"http://47.75.48.149:80",
"http://212.90.183.149:8080",
"http://176.74.13.110:8080",
"http://167.99.171.211:8888",
"http://181.196.255.218:53281",
"http://5.14.200.29:53281",
"http://85.187.118.126:8080",
"http://95.169.11.252:80",
"http://47.75.73.196:80",
"http://47.52.209.8:80",
"http://47.75.135.72:80",
"http://189.84.158.133:53281",
"http://177.86.203.156:53281",
"http://178.128.189.253:3128",
"http://187.120.27.17:53281",
"http://42.115.91.82:52225",
"http://89.216.76.253:53281",
"http://77.220.209.15:53281",
"http://197.189.222.147:8080",
"http://47.75.126.101:80",
"http://188.254.192.240:53281",
"http://95.143.111.157:41258",
"http://103.8.232.46:80",
"http://91.237.123.201:41258",

图 1-7　代理列表

这时就已经建立好一个代理池供爬虫工具使用。

（6）增加国内的代理网站

ProxyBroker 提供的代理网站，大多数来自国外的代理列表；在国内，有些网站因被屏蔽而获取不到代理资源。针对这种情况，可以把 ProxyBroker 部署到国外的服务器上以便于寻找代理资源。

增加代理列表网站的解析相对比较容易，在 providers.py 文件中提供了所有的代理列表网站的解析方法。以快代理为例，增加它的解析非常方便，只需增加一个类，并且在 PROVIDERS 变量中注册这个类的实例即可：

```
class Kuaidaili(Provider):
    domain = "kuaidaili.com"

    async def _pipe(self):
        urls = ["http://www.kuaidaili.com/free/inha/%d" % n for n in
```

```
                range(1, 21)]
        urls += ["http://www.kuaidaili.com/free/outha/%d" % n for n in
                range(1, 21)]
        await self._find_on_pages(urls)

PROVIDERS = [
......
    Kuaidaili(),
]
```

添加了国内的代理后，再将代理服务器部署到国外的服务器上，一般能够获取大约一万条的代理资源信息。

1.5 数据处理、分析和可视化

采集好数据后应对数据进行清洗，将数据中无效的部分清理掉，然后进行转换，将其转换成我们需要的数据格式以便进行分析。少量的数据清洗、转换可以使用简单的工具进行，例如：

- 使用 Excel 对 CSV 文件中的行进行过滤、对某些列进行计算。
- 使用纯文本编辑器对字符进行替换，通过正则表达式转换文本格式。

复杂的、大量的数据处理需要用编程语言进行高效的处理，例如：

- 可以用 Python 代码对 API 请求得到的 JSON 数据进行读取，然后提取出有用的信息，并装载到数据库中。
- 对于文本数据（日志），也可以使用 ELK 框架中的 Logstash 将数据导入到 Elasticsearch 中进行处理。

这种操作涉及的工具多种多样，可以根据需要自行选择技术栈。

数据处理完成后可能会得到一些结构化的数据，例如，PostgreSQL 中的一张张表，甚至一些 CSV 文件；也可能得到一些半结构化的数据，例如，存储在 Elasticsearch 中的数据。

数据分析处理和可视化结合得比较紧密，一般分析处理工具都提供了可视化功能，下面介绍一些知名的工具和框架。

数据分析：

- Excel：可以针对少量的数据进行分析、探索、可视化，基本不需要太多的编程知识即可进行。
- Tableau、SAS、MATLAB、Mathematic 等商业软件：这些商业软件能够提供更复杂的数据探索、可视化功能，能够针对大量的数据进行处理。
- R 语言：R 内置了丰富的函数，可对数据进行专业的分析、挖掘。相对于 Python 语言的生态圈，R 语言的圈子比较小。
- NumPy、Pandas（推荐）：Python 中应用广泛的库，提供了非常多的数据分析、挖掘相关的函数。基于 Python 生态圈，可以较为方便地进行扩展。

数据可视化：

- Matplotlib（推荐）：Matplotlib 是 Python 中非常好用的可视化工具，涵盖了从基础到专业各个级别的可视化需求。
- D3：基于 JavaScript 和 SVG 的可视化框架。可以自行编写函数，得到非常复杂的可视化效果，对编程技能要求比较高。
- ECharts（推荐）：百度公司出品的可视化库，它内置了丰富的模板，只需提供一些参数设置即可得到可视化的数据展示。官方也提供了一些开箱即用的例子供读者参考。

面对各种选择，我推荐使用 Python 语言生态圈中的工具，因为它们可以方便地和机器学习、数据可视化等进行结合，降低学习成本。

1.6 延深阅读

本书会运用到以下知识，但书中不会对其做详细解释，请读者自行参考相关的教程，了解必要的知识点，活学活用。

编程语言

- Python 3
- JavaScript 及浏览器基础

数据库

- PostgreSQL
- Elasticsearch

工具

- Chrome Developer Tools
- Postern
- 抓包工具 Charles
- Node.js

基础设施

- 云服务商（如 AWS、DigitalOcean、Linode 等）
- Docker

第 2 章

基于位置信息的爬虫 I

2.1 背景及目标

2016 年是共享单车行业疯狂扩张的一年。2016 年 4 月 22 日，摩拜单车在上海正式运营。同年 10 月，ofo 在北京、上海开启试运营。

2018 年 1 月 17 日，ofo 宣布上线全新的奇点城市慢行交通管理平台，将 ofo 奇点人工智能大数据信息向城市管理部门开放，携手管理部门实现共享单车城市运营科学管理。摩拜单车于 2018 年 1 月 18 日宣布开放海量出行大数据，在确保用户隐私和数据安全的前提下，通过与科研机构的合作，共同推进共享单车精细化、智能化管理，并在城市规划、绿色出行、可持续交通等领域发挥积极作用。

一些机构也发布了与国内共享单车有关的报告。2017 年，清华大学中国新型城镇化研究院与摩拜合作发布了《2017 年共享单车与城市发展白皮书》。微软亚洲研究院也对摩拜单车的运营案例进行了研究，并进行了数据可视化分析。

对于高校师生和城市规划研究爱好者来说，可通过单车数据对城市进行多维度的研究。然而，互联网上能够找到的单车出行数据非常有限。2017 摩拜杯算法挑战赛中，摩拜单车官方提供过部分数据，包含北京 300 万条的用户出行记录和 40 万辆单车的相关数据，这些数据为研究者提供了非常好的官方数据来源。

Kaggle 在 2015 年举办了一场关于共享自行车出行的比赛，该比赛提供了美国华盛顿的 Capital Bikeshare 的部分数据。除这些数据外，互联网上也有很多有趣的研究。

（1）WoBike

WoBike 提供了世界范围内大量共享单车接口的访问方法，其中包括 ofo 和摩拜单车的接口及使用方法。

（2）pybikes

pybikes 提供了超过 50 种共享单车资源的接口访问方式，以有桩自行车为主。它提供了简单的 API，但并未包含 ofo 和摩拜单车的接口，也没有提供 Python 3 的接口，获取的信息相当有限。该库为 CityBikes 网站提供了数据支持。

（3）xxbike-crawler

最早的摩拜单车爬虫，实现了抓取、分析、可视化的部分功能。其中的 login 分支也提供了某单车登录的接口。由于某单车接口进行了更新，因此该爬虫已经失去了作用。

（4）ofo-spider

该项目受 xxbike-crawler 的启发进行了 ofo 的 API 的分析，实现了 ofo 单车的注册和登录的自动化过程，完成了对 ofo 信息的抓取。

2.2 爬虫原理

目前，绝大多数单车应用都会在地图上显示出单车的位置，其 APP 可以根据单车的位置规划出一条步行路线，以便用户可以更快地找到单车。在早期的推广中，某些单车公司并没有任何定位的手段，显示出的信息相当不准确。现在，单车大部分都配置有 GPS，定位精度大大提高，也更容易找到单车。有些单车则一直有 GPS 定位，能够方便地知道车在哪里。有些单车 APP 甚至提供了车辆预约功能，能够在界面上显示出车的编号等信息，从而进一步帮助用户找到单车。下面以某单车为例，介绍爬虫的原理。

某单车 APP 预约界面可以呈现出定位所在地附近的若干辆单车信息。当移动界面中定位的位置时，将获取新位置附近的单车信息。

因为每次获取的附近的距离及单车数量有限，要想获取附近更大面积的单车信息，则可以尝试每次移动一小步，然后对附近获取的重复的单车信息进行合并，就可以获取大片的单车信息了。不同位置单车信息以及合并相关数据的思路如图 2-1 所示，圆圈代表能够获取的最大范围。每次采集时中心点位置都比较接近，将获得的单车按照单车的编号去重，就可以得到一个区域内单车的信息了。

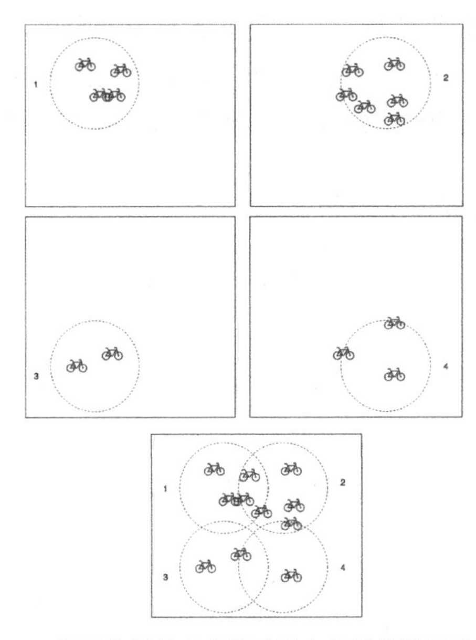

图 2-1　不同位置单车信息以及合并相关数据的思路

在实际操作中，如果是未登录的状态，则某单车 APP 最多只能返回 20 辆单车位置数据。这会导致在单车非常密集的区域，只能以非常小的偏移量进行采集。以较小的偏移量进行采集的示意图如图 2-2 所示，第 1、2 次采集点的中心距离更近。即便是这样高密度的采集，也会漏掉一些单车，这也是该方法暂时无法解决的问题。

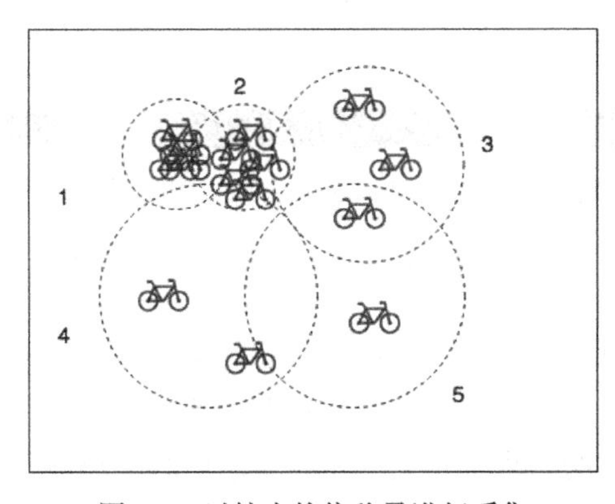

图 2-2　以较小的偏移量进行采集

2.3 数据来源分析

单车 APP 是最直接的数据来源，除此之外，单车小程序、百度地图、高德地图等也能显示共享单车的位置信息。对比单车 APP 和小程序，百度地图和高德地图还能显示其他单车的信息。在未登录的情况下，高德地图的单车显示的范围比小程序的要大，如果要进行大面积的数据采集，则高德地图的单车数据是一个更好的来源。

1. 使用 Packet Capture 分析请求

以某单车为例，首先打开 Packet Capture 工具，然后单击右上角的箭头（标记为 1），如图 2-3 所示。

在出现的应用搜索界面中，选择“某单车”，如图 2-4 所示。应用提示 VPN 已经启动，如图 2-5 所示。

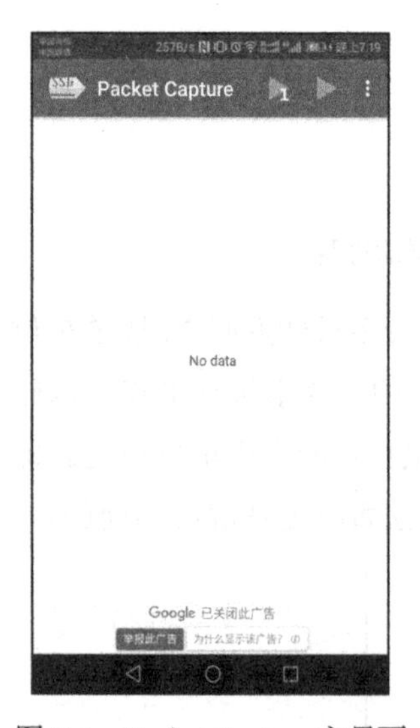

图 2-3 Packet Capture 主界面

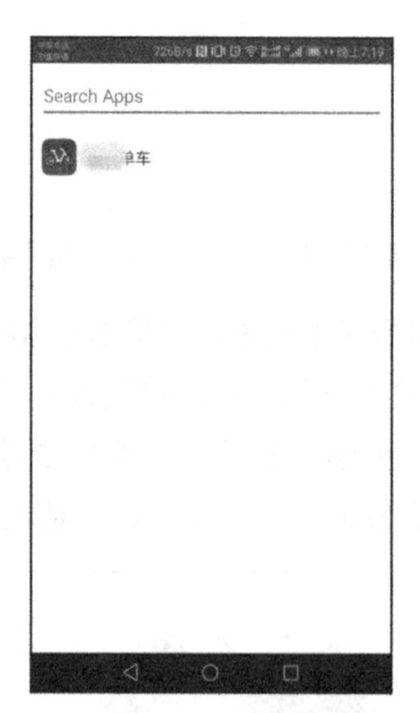

图 2-4 Packet Capture 应用搜索

图 2-5 VPN 已经启动

打开某单车 APP，Packet Capture 已经开始抓包，请求抓取如图 2-6 所示。

接下来在单车 APP 的界面中多次移动位置，这样做是为了让 Packet Capture 能够获取更多的有效数据，排除一些干扰数据。通过观察 Packet Capture 中的流量，可以看到一个 21KB 的较大的请求（不同的手机请求的大小可能不一样），它有可能就是我们需要的请求，如图 2-7 所示。

图 2-6　请求抓取

图 2-7　抓取到的网络请求

单击进入该请求，可以看到是一个 POST 请求，请求的 URL 中包含了 longitude（经度）和 latitude（纬度），网络请求头如图 2-8 所示。

在请求的结果中也包含了若干辆单车的信息，网络请求返回值如图 2-9 所示。

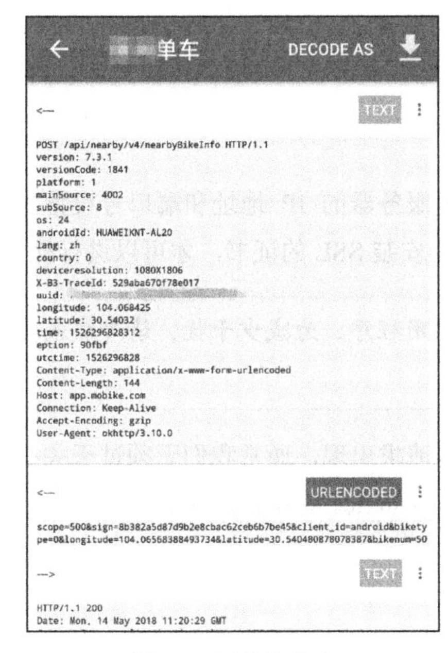

图 2-8　网络请求头

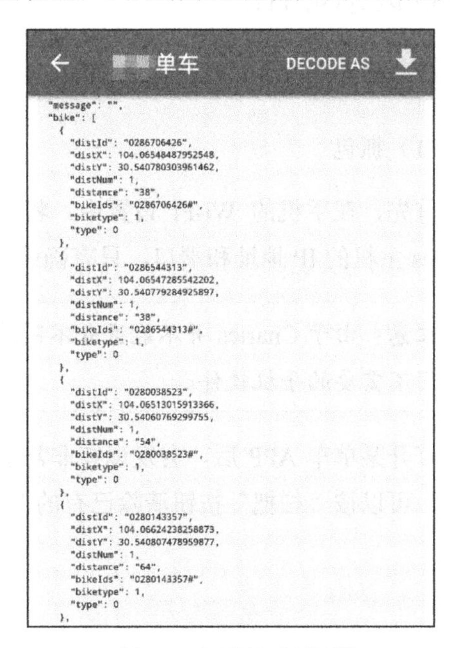

图 2-9　网络请求返回值

根据字段的名字并结合界面上的表现，可以推测 JSON 中的字段的含义如表 2-1 所示。

表 2-1　JSON 中的线段的含义

字　段	含　义
distId	单车编号
distX	经度
distY	纬度
distNum	未知
distance	距中心点距离
bikeIds	单车编号（字符串形式）
biketype	单车类型，0 代表 xxbike，1 代表 xxbike lite
type	未知

因为单车编号是唯一确定单车的依据，所以需要在同一位置尝试多次刷新，经验证，若同一辆单车编号的经纬度信息始终保持一致，则说明数据正常。Packet Capture 只能在手机中进行抓包，而且要利用、修改它抓到的数据也不太容易，仅可作为初步的抓包分析。

1. 使用 Charles 分析请求

（1）抓包

首先，在手机的 Wi-Fi 设置中，将代理服务器的 IP 地址和端口号设置为运行 Charles 主机的 IP 地址和端口，只有确保正确安装 SSL 的证书，才可以进行抓包。

注意：由于 Charles 并不能区分不同的应用程序，为减少干扰，请卸载或停用不需要的手机软件。

打开某单车 APP 后，会发现有非常多的请求出现，通常我们无须过于关心这些请求，可以按“扫把”按钮清除已有的请求，Charles 主界面如图 2-10 所示。

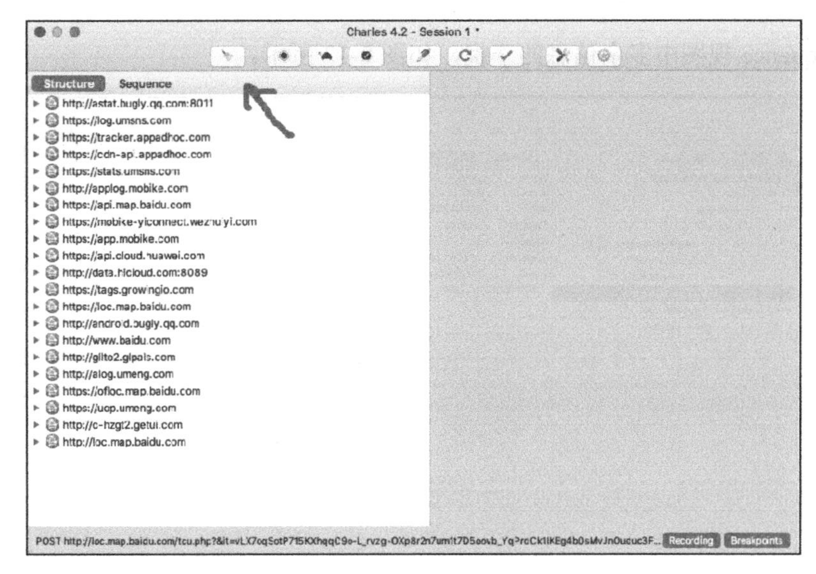

图 2-10 Charles 主界面

切换到 Sequence 视图，可以更清楚地看到请求的过程。移动单车 APP 中的中心位置，会发现在 Charles 中有新的请求，如图 2-11 所示。

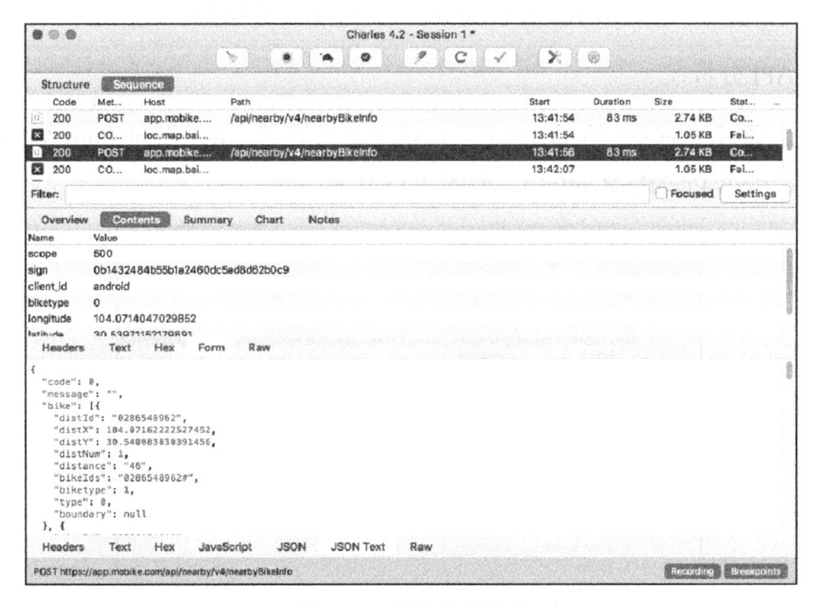

图 2-11 查看新的请求

通常找到需要的请求后，可以切换回 Structure 视图，直观地查看请求的细节，避免 Sequence 视图中多余信息的干扰，如图 2-12 所示。

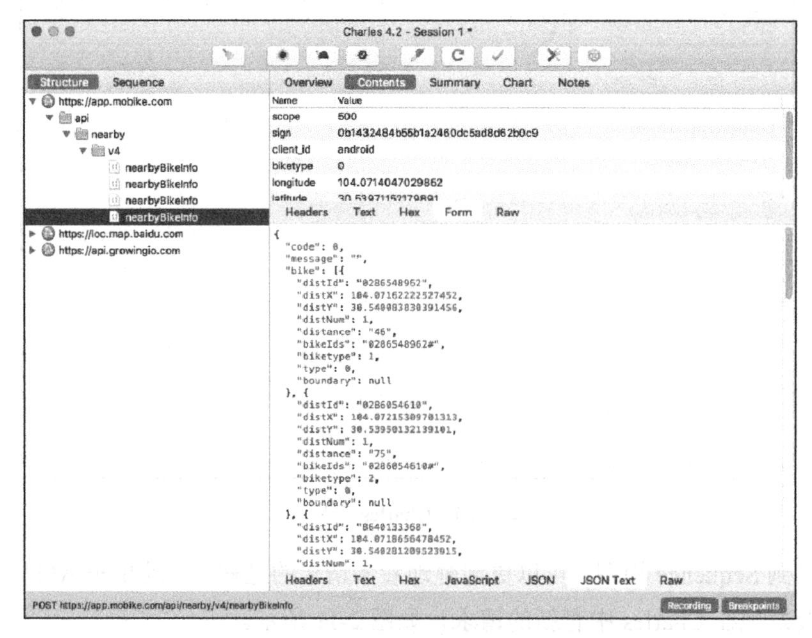

图 2-12　在 Structure 视图中查看请求的细节

（2）API 分析

首先，通过 Charles 的 Overview 选项卡可以看到 URL 指向 https://app.xxbike.com/api/nearby/v4/nearbyBikeInfo，如图 2-13 所示。

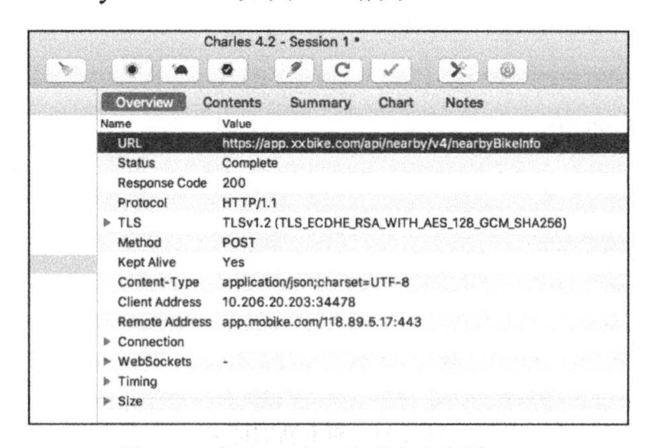

图 2-13　在 Overview 选项卡中查看 URL

其中，协议是 HTTPS，用的是 POST 方法。切换到 Contents 选项卡，可以看到更详细的请求头的信息，如图 2-14 所示。

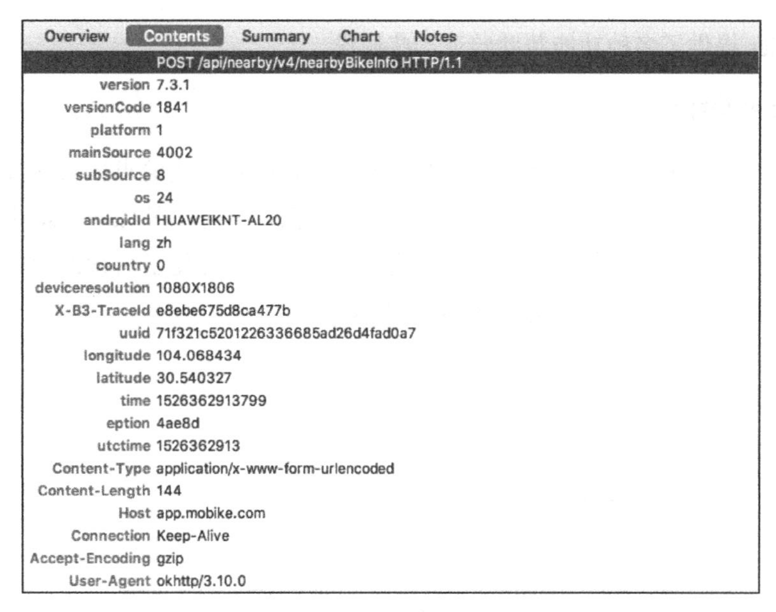

图 2-14　在 Contents 选项卡中查看更详细的请求头的信息

切换到 Form 选项卡，可以查看请求的参数，其中 sign、longitude 和 latitude 每次的请求都不一样，值得注意，如图 2-15 所示。

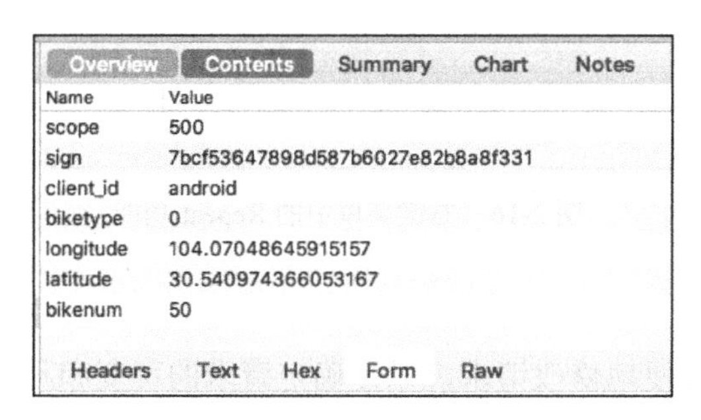

图 2-15　在 Form 选项卡中查看请求的参数

（3）发现关键参数

在 API 分析中，我们可以看到请求头中有非常多的信息，在请求的内容中包含我们期望的中心位置，但 sign 长字符串的出现似乎不是很妙，很有可能是服务器做参数校验使用，一旦无法知道 sign 字符串的含义和生成方式，请求就有可能被推断为是非法的。

Charles 提供了多种功能帮助验证一些假设。

Repeat 功能

对一个请求进行重复，能够很快地知道是否有仅对一次请求生效的参数。某单车的 API 经过 Repeat 操作后依然可以正常获取信息，并且观察 Response 中的结果和上一次几乎一致，说明多次请求是有一致性的，极大地方便了后续的程序编写和调试。右键菜单中的 Repeat 功能如图 2-16 所示。

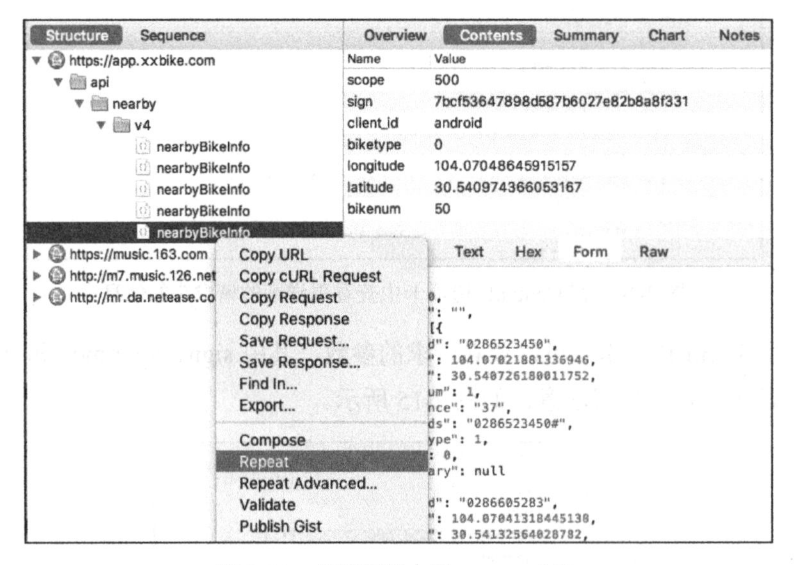

图 2-16　右键菜单中的 Repeat 功能

Compose 功能

该功能可以很方便地修改请求，以便确定请求的可变和不可变部分。通常很多请求可以去掉不必要的部分和某些特定的相关用户追踪的项，以降低后续分析和维护的成本，减少被追踪的可能。

Compose 功能界面如图 2-17 所示。

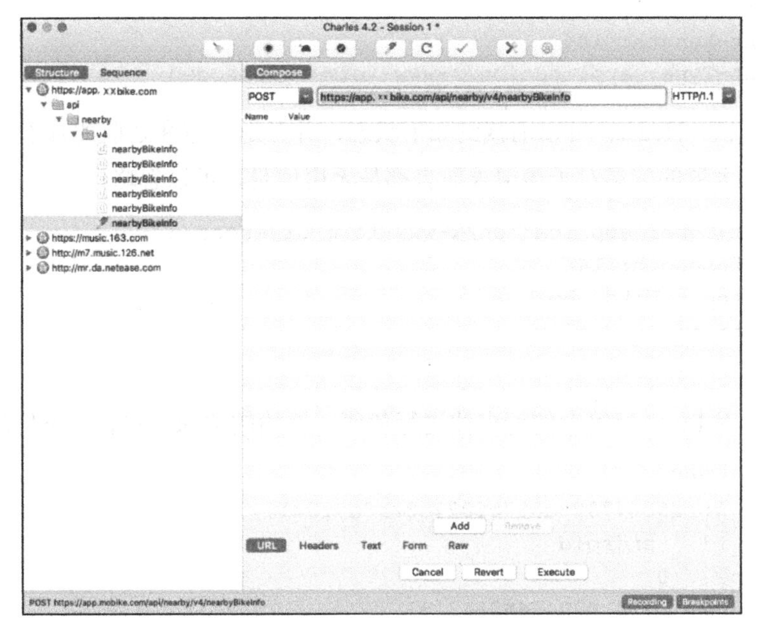

图 2-17　Compose 功能界面

首先，尝试对 Header 进行裁剪，完整的 Header 如下所示：

```
version: 7.3.1
versionCode: 1841
platform: 1
mainSource: 4002
subSource: 8
os: 24
androidId: HUAWEIKNT-AL20
lang: zh
country: 0
deviceresolution: 1080X1806
X-B3-TraceId: e8ebe675d8ca×××b
uuid: 71f321c5201226336685ad××××××××××
longitude: 104.068434
latitude: 30.540327
time: 1526362913799
eption: 4ae8d
utctime: 1526362913
Host: app.xxbike.com
Connection: Keep-Alive
Accept-Encoding: gzip
User-Agent: okhttp/3.10.0
```

```
Content-Length: 144
Content-Type: application/x-www-form-urlencoded
```

经过尝试，Header 可以缩减到如下状态，并且返回值和之前的几乎一致。由此可以看出，大量的信息对于该请求而言都是无用信息，可以忽略：

```
Content-Type: application/x-www-form-urlencoded
Content-Length: 144
Host: app.xxbike.com
Connection: Keep-Alive
Accept-Encoding: gzip
```

然后，对 Form 标签中的请求体进行裁剪，原始的请求体包含如下信息：

```
scope    500
sign    7bcf53647898d587b6027e82b8a8f331
client_id    android
biketype    0
longitude    104.07048645915157
latitude    30.540974366053167
bikenum    50
```

经过尝试，仅仅保留最重要的几个参数即可：

```
scope    500
client_id    android
longitude    104.07048645915157
latitude    30.540974366053167
bikenum    50
```

在尝试过程中，请务必确保返回值的正确性：

- 返回码正确。
- 保证返回内容在业务上是正确的。某些 API 虽然能够返回值，但反爬虫策略会识别出是错误的请求，有可能会返回假数据。

根据上述内容，我们已经确认参数的最小集，即仅需要提供经纬度即可获得单车信息。

生成 Python 代码

Charles 没有类似 Postman 这种直接提供转换成各种语言的方法，但可以在生成 cURL 请求后再转换成其他语言，如图 2-18 所示。

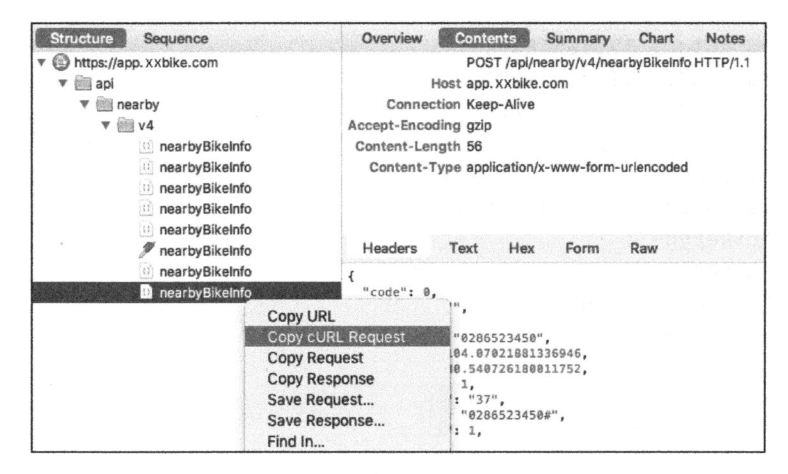

图 2-18　生成 cURL 请求

cURL 生成的请求是：

```
curl -H 'Host: app.xxbike.com' -H 'User-Agent: okhttp/3.10.0' --data
"longitude=104.07048645915157&latitude=30.540974366053167&scope=500&cl
ient_id=android&bikenum=50" --compressed
'https://app.xxbike.com/api/nearby/v4/nearbyBikeInfo'
```

执行此请求后会返回单车的信息，多次执行，得到的信息一致，表明 cURL 工作正常：


```
{
  "code": 0,
  "message": "",
  "bike": [
    {
      "distId": "0286528915",
      "distX": 104.07065459,
      "distY": 30.54090683,
      "distNum": 1,
      "distance": "17",
      "bikeIds": "0286528915#",
      "biketype": 1,
      "type": 0,
      "boundary": null,
      "operateType": 1
    },
    ....
    {
```

```
        "distId": "0286558791",
        "distX": 104.07102121,
        "distY": 30.5405562,
        "distNum": 1,
        "distance": "69",
        "bikeIds": "0286558791#",
        "biketype": 1,
        "type": 0,
        "boundary": null,
        "operateType": 1
      },
    ],
    "mpl": [],
    "biketype": 0,
    "radius": 150,
    "autoZoom": true,
    "hasRedPacket": 0
}
```

cURL 请求转换成 Python 代码

https://curl.trillworks.com 网站提供了把 cURL 请求转换成多种编程语言的在线工具。将上文所得到的 cURL 请求放到左边的窗口，并选择 Python 语言，就会立刻生成对应的代码，如图 2-19 所示。

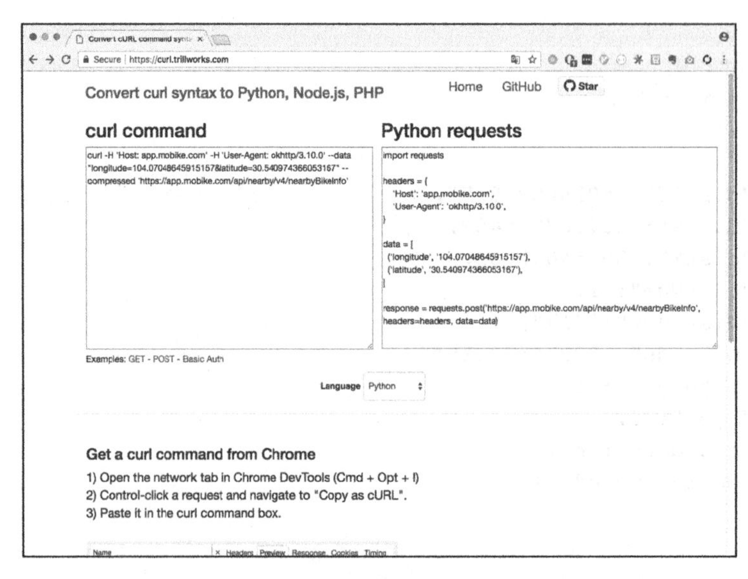

图 2-19　cURL 请求转换成 Python 代码

在生成的代码后加上一些输出语句，即可看到请求结果：

```
import requests

headers = {
    'Host': 'app.xxbike.com',
    'User-Agent': 'okhttp/3.10.0',
}

data = [
  ('longitude', '104.07048645915157'),
  ('latitude', '30.540974366053167'),
  ('client_id', 'android'),
  ('bikenum', 50),
  ('biketype', 0),
  ('scope', 500)
]

response = requests.post('https://app.xxbike.com/api/nearby/v4/
                         nearbyBikeInfo', headers=headers, data=data)

print(response.json())
```

请求结果：

```
{
    'biketype': 0,
    'bike': [
        {
            'biketype': 1,
            'distId': '7316513648',
            'distY': 30.540973624109814,
            'type': 0,
            'boundary': None,
            'distance': '0',
            'distNum': 1,
            'bikeIds': '7316513648#',
            'distX': 104.07048729906961,
            },
            .....
        {
            'biketype': 1,
            'distId': '0286523450',
```

```
                'distY': 30.540726180011752,
                'type': 0,
                'boundary': None,
                'distance': '37',
                'distNum': 1,
                'bikeIds': '0286523450#',
                'distX': 104.07021881336946,
                },
            ],
        'mpl': [],
        'code': 0,
        'autoZoom': True,
        'message': '',
        'radius': 150,
        }
```

至此，某单车 API 最基本的功能就探索完毕了，修改经度和纬度，即可得到其他区域的单车信息。

2.4 简单的矩形区域抓取方式

清楚上述 API 后，可以写一个最简单的爬虫代码来采集矩形区域的单车信息。思路很简单，就是以很小的步伐以从西向东、从南向北的顺序依次扫描地图，然后将重复的单车去掉即可。以上海外滩附近一块很小区域为例，通过“腾讯坐标拾取”工具采集外滩附近的两个坐标，分别是：

```
121.484258,31.249362
121.500859,31.233277
```

下面是源代码：

```
import requests

# Python 自带的 range 不支持浮点数，所以导入 Numpy
import numpy as np

headers = {
        'Host': 'app.xxbike.com',
        'User-Agent': 'okhttp/3.10.0',
}
```

```
# 偏移量，根据实际情况进行调整，值越小，精度越高，但效率越低
# 0.002 约等于 316 米
offset = 0.002

bikes = {}
for lng in np.arange(121.484258, 121.500859, offset):
    for lat in np.arange(31.233277, 31.249362, offset):
        data = [
            ('longitude', lng),
            ('latitude', lat),
            ('client_id', 'android'),
            ('bikenum', 50),
            ('biketype', 0),
            ('scope', 500)
        ]

        data = requests.post('https://app.xxbike.com/api/nearby/
                              v4/near byBikeInfo', headers=headers,
                              data=data).json()

        for bike in data['bike']:
            id, x, y = bike['distId'], bike['distX'], bike['distY']
            bikes[id]=(x,y)
        print("Bikes:", len(bikes))

with open("bike.csv", 'wt', encoding='UTF-8') as f:
    for id, pos in bikes.items():
        f.write("%s,%s,%s\n" % (id, pos[0], pos[1]))
bike.csv 文件片段：
0216651698,121.48437598504648,31.233342768044405
0216651698,121.48437598504648,31.233342768044405
....
0216574612,121.48453942239807,31.233287276841313
0216574612,121.48453942239807,31.233287276841313
```

将生成的 book.csv 导入 BDP 个人版中，能够很快得到可视化结果。

注意：坐标系要选择“腾讯搜搜地图”，否则坐标会发生偏移。

（1）多线程并发

如果区域很大，那么用单线程请求的执行效率会非常低，扫描一遍速度非常慢。这时，建议用多线程来解决这个问题。需要注意的是，Python 中的多线程受全局 GIL（Global Interpreter Lock，全局解释器锁）的影响，并不是真正的多线程。在单车爬虫的应用中，会涉及非常多的网络 I/O 请求，而网络请求后等待过程中并不会占用 CPU 资源。在 I/O 密集型应用中，使用多线程可以有效地提升性能。使用 Python 自带的线程库改造现在的程序非常简单，执行效率也高，所以这段代码没有使用 Python 的 async 特性来写。

```
import requests

# Python 自带的 range 不支持浮点数，所以导入 numpy
import numpy as np
from concurrent.futures import ThreadPoolExecutor

headers = {
        'Host': 'app.xxbike.com',
        'User-Agent': 'okhttp/3.10.0',
}

# 偏移量，根据实际情况进行调整，值越小，精度越高，但效率越低
# 0.002 约等于 316 米
offset = 0.002

bikes = {}

# 抓取线程
def crawl(lng, lat):
    data = [
            ('longitude', lng),
            ('latitude', lat),
            ('client_id', 'android'),
            ('bikenum', 50),
            ('biketype', 0),
            ('scope', 500)
        ]

    resp = requests.post('https://app.xxbike.com/api/nearby/v4/
                          nearbyBikeInfo', headers=headers,
```

```
                                data=data).json()

        for bike in resp['bike']:
            id, x, y = bike['distId'], bike['distX'], bike['distY']
            bikes[id]=(x,y)
        print("Bikes:", len(bikes))

# 生成一个 5 线程的线程池，方便控制抓取速度
executor = ThreadPoolExecutor(max_workers=5)
for lng in np.arange(121.484258, 121.500859, offset):
    for lat in np.arange(31.233277, 31.249362, offset):
        # 提交一个任务
        executor.submit(crawl, lng, lat)

# 等待任务完成
executor.shutdown()

with open("bike.csv", 'wt', encoding='UTF-8') as f:
    for id, pos in bikes.items():
        f.write("%s,%s,%s\n" % (id, pos[0], pos[1]))
```

（2）引入代理

长时间、大量的请求往往会被对方服务器认为是攻击从而被反爬虫机制屏蔽。引入高匿名代理池可以将请求分散化，降低单个 IP 访问的频次，使被屏蔽的可能性降低。代理池维护了一系列的代理服务器地址，每个代理服务器都有相应的性能指标，在这里性能指标可以简化成一个分数。更复杂的代理池可以对代理的 ping 值、请求速度、请求失败率等进行统计。每个并发的请求将会从代理池中取出下一个可用的代理，并且在代理使用完后对代理进行评分。代理池根据代理的质量进行排序，以便为质量高的代理赋予更高的优先级。为了避免性能低的代理服务器被选到，影响整体的速度，可以设置一个取 Top-n 的策略，意思是仅取前 *n* 个代理服务器。这样就可以在保证代理性能的情况下，让好的代理多次被用到，性能不好的代理尽量不被用到。刚开始时，所有的代理的性能未知，因而会影响抓取的速度，一段时间后代理池内的好代理会逐渐向上浮动，抓取速度会逐渐上升。

代理池的工作原理如图 2-20 所示。

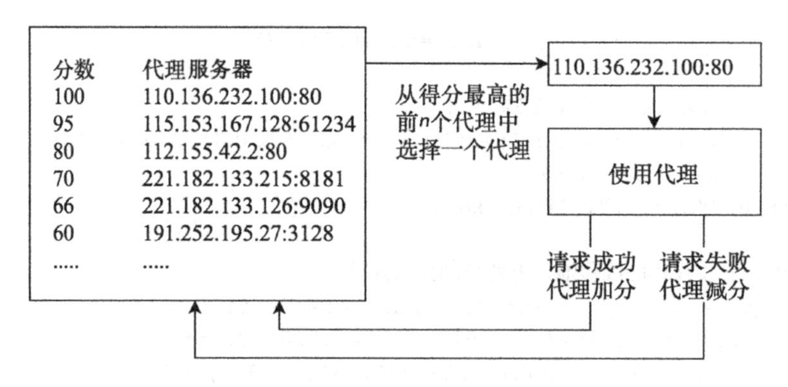

图 2-20　代理池的工作原理

代理类实现代码：

```
class Proxy:
    def __init__(self, url):
        self._url = url
        self._used = 1
        self._success = 1
        pass

    @property
    def url(self):
        return self._url

    def used(self):
        self._used += 1

    def success(self):
        self._success += 1

    def error(self):
        self._success -= 1

    @property
    def score(self):
        # 分数根据正确率来计算
        return int(self._success * 1.0 / self._used * 100)
```

代理池类实现代码：

```
import threading
import requests
from .proxy import Proxy
import json


class SequenceProxyProvider:
    def __init__(self, num_of_proxies=200):
        self.num_of_proxies = num_of_proxies
        self.lock = threading.RLock()
        self.get_list()
        self.index = 0

    def get_list(self):
        r = requests.get("https://raw.githubusercontent.com/derekhe/
        book-resources/master/demo-proxy-list.json", timeout=10)
        proxies = json.loads(r.text)
        self._proxies = list(map(lambda p: Proxy(p), proxies))

    def pick(self):
        with self.lock:
            self._proxies.sort(key=lambda p: p.score,
                               reverse=True)
# 对代理根据分数进行倒序排序
            proxy = self._proxies[self.index]  # 取一个 proxy
            proxy.used()  # 标记 proxy 被用过一次

            # 计算 index，取 Top-n 个
            proxy_len = len(self._proxies)
            max = self.num_of_proxies if proxy_len > self.num_of_proxies
                  else proxy_len
            self.index = (self.index + 1) % max

            return proxy


if __name__ == "__main__":
    provider = SequenceProxyProvider()
    proxy = provider.pick()
    print("Proxy url:", proxy.url)
    print("Report success")
    proxy.success()
```

```
    print("Current score", proxy.score)
    print("Report failure")
    proxy.error()
    print("Current score", proxy.score)
```

在爬虫主程序中，需要增加一些代码来从代理池提取 proxy 及其计分。

```
def crawl(lng, lat):
    # 抓取线程
    data = [
        ('longitude', lng),
        ('latitude', lat),
        ('client_id', 'android'),
        ('bikenum', 50),
        ('biketype', 0),
        ('scope', 500)
    ]

    retry = 0  # 错误重试次数
    while(retry < 10):
        retry += 1
        try:
            proxy = proxyProvider.pick()  # 提取一个 proxy
            data = requests.post('https://app.xxbike.com/api/nearby/
v4/nearbyBikeInfo', headers=headers, data=data,
  # 指定 proxy 的 URL，设超时时间为 10s，不验证 SSL
                proxies={"https": proxy.url}, timeout=10, verify=False
                            ).json()

            for bike in data['bike']:
                id, x, y = bike['distId'], bike['distX'], bike['distY']
                bikes[id] = (x, y)
            print("Bikes:", len(bikes))
            proxy.success() #代理请求成功，加分并重试
            break
        except Exception as ex:
            print(ex)
            proxy.error() #代理请求失败，减分并重试
```

需要特别注意的是，如果请求的是 HTTP 接口，则需要设置 proxies={"http": proxy.url}。如果请求的是 HTTPS 接口，则需要设置 proxies={"https": proxy.url}。另

外，requests 会检查 SSL 证书的正确性，通常，经过代理后 SSL 证书都会失效，所以需要设置 verify=False，即不检查 SSL 的正确性，否则会产生大量的异常。

（3）尝试使用 HTTP 代替 HTTPS

HTTPS 涉及相对复杂的流程，因此通常要比 HTTP 慢一些，并且绝大多数的免费代理也不支持 HTTPS 的代理。所以，如果能用 HTTP 协议就优先使用 HTTP，而不要用 HTTPS。这样做以后爬虫的速度会得到明显的提升，并且可用的代理的数量也会增加：

```
    data = requests.post('http://app.xxbike.com/api/nearby/v4/
nearbyBikeInfo', headers=headers, data=data,
            # 指定proxy的url，超时时间10秒钟
            proxies={"http": proxy.url}, timeout=10).json()
```

（4）反爬虫策略和反反爬虫策略

该接口相对比较简单，也没有引入复杂的识别用户信息的参数。如果某单车要阻止这样的抓取，可能的思路是对同一个 IP 地址的请求进行计数，达到某个阈值后将该 IP 地址记录到黑名单中，从而阻止其请求。下面根据之前的代码进行一些小的修改并进行测试，运行一段时间后便自行停止程序。

```
    while True:
        executor = ThreadPoolExecutor(max_workers=50)
    # 开启50个线程，请根据自己的网络状态自行调节
        # 扩大区域
        for lng in np.arange(121.384258, 121.600859, offset):
            for lat in np.arange(31.133277, 31.349362, offset):
                # 提交一个任务
                executor.submit(crawl, lng, lat)

        # 等待任务完成
        executor.shutdown()
```

测试的结果很意外，即便在这样的请求下，某单车依然没有封锁 IP 地址，说明目前该单车没有做或者没有开启反爬虫的策略。但值得注意的是，任何请求都可能被对方服务器记录，超出常规的请求可能会导致对方服务器报警。由于 IP 地址会暴露身份，通常不会直接用同一个 IP 地址进行大量的请求，即使我们的抓取是“善意”访问，也应使用代理服务器来隐藏实际的请求。

2.5 高级区域抓取方式

1. 多边形区域抓取

前面都是以矩形区域为例进行分析，而实际想抓取的区域是多边形区域。抓取多边形区域的思路如下：

（1）找到多边形区域的最大矩形范围。

（2）在此范围中从上到下以固定的偏移量检测点是否处于多边形区域中。

（3）如果在多边形区域中，则加入线程池进行抓取。

在 Python 中，shapely 是一个比较好用的几何库，包含了几何区域的各种操作。安装步骤如下：

```
pip3 install shapely
```

依然用上面的例子。首先，将上海外滩附近需要抓取的几何区域以顺时针的方向记录下经纬度值，放到数组中：

```
# 初始化区域
area = Polygon([(121.483212, 31.241939), (121.488276, 31.243627),
(121.491451, 31.242526),
                 (121.492395, 31.233573), (121.487074, 31.231005),
(121.484413, 31.237977)])
```

利用 Polygon 的 bounds，可以得到区域的最大矩阵边界，将其作为遍历的范围。在该范围内逐个生成点，并检测这些生成点是否在多边形区域中：

```
# 得到区域的最大矩形边界
bounds = area.bounds
executor = ThreadPoolExecutor(max_workers=50)

for lng in np.arange(bounds[0], bounds[2], offset):
    for lat in np.arange(bounds[1], bounds[3], offset):
        point = Point(lng, lat)

        # 检测生成点是否在多边形区域中
        if area.contains(point):
            executor.submit(crawl, lng, lat)
```

将上述代码抓取的 CSV 文件放到 BDP 网站上生成截图，可知所抓取的区域已经是多边形区域。

2. 区域权重抓取

多边形区域抓取能够解决大多数问题，但面对整个城市范围的大面积区域，偏移量值的大小会影响抓取的效率和质量。如果偏移量设置得过小，则抓取一次的时间过长，但数据采集的质量高；如果偏移量设置得过大，虽然会使抓取时间缩短，但可能会漏掉单车密集的区域。在城市中，不同的区域，单车的分布密度不同，我们可以根据区域中预计单车数量的不同设置不同的偏移量的值，使得部分区域能够以较大的偏移量进行快速抓取，某些单车密集的区域以较小的偏移量进行精细抓取。对于某些几乎无单车的区域，例如山区、湖泊、河流，则可以进行区域排除。

以深圳为例，以高密度抓取一次后可以发现，不同区域单车的密度不同。根据单车密度我们可以将深圳大致划分为几个区域，部分区域由于是山区，所以被排除在外。区域之间可以有一定的重叠，以防止漏掉一些区域，区域权重抓取示意图如图 2-21 所示。

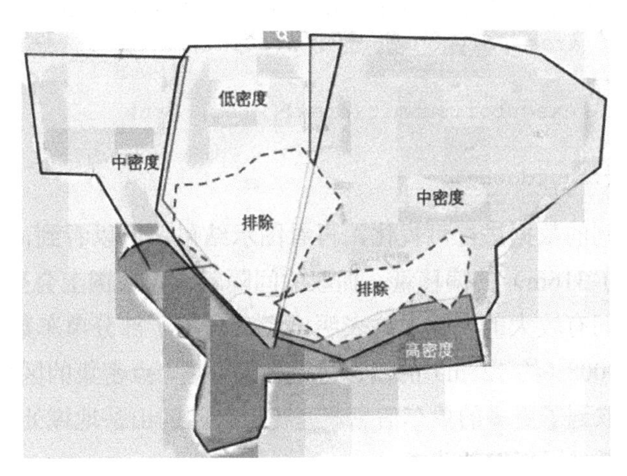

图 2-21　区域权重抓取示意图

实现上述过程的代码如下：

```
# 定义不同密度的区域
areas = [{'offset': 0.0008, 'area': Polygon([(114.071388, 22.566622),
(114.104176, 22.567573), (114.104176, 22.535549),
```

```
(114.086494, 22.534439), (114.081860, 22.529524), (114.073277,
22.529365)])},
        {'offset': 0.002, 'area': Polygon([(114.045982, 22.560598),
(114.072075, 22.567573),(114.073277, 22.529841), (114.049416,
22.529683)])}]

    # 被排除的区域
    area_exclude = Polygon([(114.049158, 22.554257), (114.057140,
22.559964),(114.063234, 22.559568), (114.067526, 22.555050), (114.067869,
22.549105)])

    for area in areas:
        area_polygon = area['area']
        offset = area['offset']
        bounds = area_polygon.bounds

        executor = ThreadPoolExecutor(max_workers=50)
        for lng in np.arange(bounds[0], bounds[2], offset):
            for lat in np.arange(bounds[1], bounds[3], offset):
                point = Point(lng, lat)

                # 检测点是否在多边形区域中，并且不在被排除的区域中
                if area_polygon.contains(point) and not area_exclude.
contains(point):
                    executor.submit(crawl, lng, lat)

        executor.shutdown()
```

我们将抓取到的数据进行可视化，再看图示结果。可以看到，皇岗路以西的区域使用 0.002（约 316m）的偏移量，抓取的间隔较大，在图上会呈现点的聚集，但聚集的点与点之间有较大的空隙，这表明已经丢失掉了部分单车数据。皇岗路以东的区域使用的 0.0008（约 125m）的偏移量，对比可见，点密集的区域没有出现空隙，尽最大可能地抓取到了更多的单车信息。莲花山公园的山岳地域处于被排除的区域，几乎没有单车，减少了抓取的请求。

在示例代码中，没有考虑更多复杂的场景。例如，没有考虑高密度与更低密度区域重叠部分的处理等，甚至也没考虑自动识别高密度和低密度的区域，实现更智能的抓取。

2.6 坐标转换

单车爬虫所获取的坐标是搜狗地图使用的加密坐标系统。如果需要在百度地图、高德地图等其他地图应用上展示，则需要对坐标进行相应的转换，否则会出现偏移。为了能够支持更多的地图和 GIS（地理信息系统），可以将坐标转换为国际 GPS 坐标系统的 WGS84（World Geodetic System 1984）标准。WGS84 坐标系可以在多个坐标系之间进行一定精度的转换，也方便了后续的数据处理。坐标系介绍如表 2-2 所示。

表 2-2　坐标系介绍

坐标系	解　释	地　图
WGS84	WGS84（World Geodetic System1984）是世界通用坐标系，从专业 GPS 设备中取得数据。一般来说通过底层接口得到的定位信息都是 WGS84 坐标系	国际地图
GCJ-02	GCJ-02，由中国国家测绘测局制定的坐标系统，又称为火星坐标系。国家规定，我国所有公开地理数据都需要用 GCJ-02 进行加密	高德地图、腾讯地图
BD-09	BD-09（Baidu，BD）是百度地图使用的地理坐标系，其在 GCJ-02 上多增加了一次变换，用来保护用户隐私	百度地图

GitHub 上提供了多种语言的坐标转换方案，下面的转换例子中使用的是 GitHub 上作者 wandergis 的 coordTransform_utils.py 中提供的 gcj02_to_wgs84 函数：

```
id, x, y = bike['distId'], bike['distX'], bike['distY']
bikes[id] = coordTransform_utils.gcj02_to_wgs84(x,y)
#将 gcj02 转换成 wgs84
```

2.7 存储数据的方式

存储抓取数据的格式多种多样，包括 CSV（逗号分隔值）格式等、数据库或 Excel 格式等。其中以 CSV 格式最为方便、快捷，它的优点有：

- 结构简单，以逗号分隔数据字段。
- 纯文本文件，内容直接可读。
- 编程工具都提供了对 CSV 格式文件的读写，因为其结构简单消耗的内存较少。

- 工具支持广泛，可以导入到 Excel 等工具中进行处理。绝大部分数据处理软件都有 CSV 格式的支持。
- 文件可以方便地进行版本管理（例如在 Git 中进行归档）。
- 易于修复。

缺点有：

- 占用空间较大，特别是含有大量、连续的“无数据”（例如无单车）之时，存储空间浪费较多。
- 读取时是文本形式，对于数字、日期等非文本数据必须要进行相应的转换，读写效率可能较二进制读写慢。

在单车爬虫中，使用 CSV 格式是比较好的选择。如果需要长期、大量的存储，则可以考虑直接写入压缩包，主流编程语言都支持压缩包内文件的透明读写。另外，为了方便后续分析，每一行都加入时间信息。每次遍历完成后都写入一个以时间为文件名的压缩包进行存储。

```
for lng in np.arange(121.484258, 121.500859, offset):
    for lat in np.arange(31.233277, 31.249362, offset):
        data = [
            ('longitude', lng),
            ('latitude', lat),
            ('client_id', 'android'),
            ('bikenum', 50),
            ('biketype', 0),
            ('scope', 500)
        ]

        data = requests.post(
            'https://app.xxbike.com/api/nearby/v4/nearbyBikeInfo',
                headers=headers, data=data).json()

        for bike in data['bike']:
            id, x, y = bike['distId'], bike['distX'], bike['distY']
            wgs84 = coordTransform_utils.gcj02_to_wgs84(x, y)
            # 记录时间，经度、纬度
            bikes[id] = (datetime.now().strftime(
                "%Y-%m-%d %H:%M:%S"), wgs84[0], wgs84[1])
        print("Bikes:", len(bikes))
```

```
# 按照年月日-时分秒形式存为压缩包
filename = datetime.now().strftime("%Y%m%d-%H%M%S") + ".csv.gz"
with gzip.open(open(filename, 'wb'), 'wt', compresslevel=9) as f:
    for id, data in bikes.items():
        f.write("%s,%s,%s,%s\n" % (data[0], id, data[1], data[2]))
```

2.8　数据导入

收集到若干单车数据后，可以将数据导入数据库中，以便查询及处理。以PostgreSQL 为例，它可以把每天的数据导入一张单独的表中进行存储。如果把大量的数据装到一个表里，就会在数据持续增长后遇到性能问题，因此采用分表方式有利于数据的更新。具体代码如下：

```
import glob
import os

import psycopg2

with psycopg2.connect(database='xxbike', user='derekhe', password='',
    host='localhost') as cnx:
    with cnx.cursor() as cursor:
        path_to_data = "/media/derekhe/data/example/xxbike/*"
        for dir in sorted(glob.glob(path_to_data)):
            # 目录名是以日期命名的
            day = os.path.basename(dir)

            # 按日期分表进行存储
            tablename = 'xxbike_' + day

            # 先删除旧的表，然后创建新的表，防止数据重复
            cursor.execute("""DROP TABLE IF EXISTS %s""" % tablename)
            cursor.execute("""CREATE TABLE IF NOT EXISTS %s
                              (
                                 crawl_date timestamp,
                                 bike_id text,
                                 lat double precision,
                                 lng double precision
                              );""" % tablename)
```

```
        for file in sorted(glob.glob(dir + "/*")):
            print("Importing", file)
            # 使用复制的方式直接导入 csv 文件
            cursor.execute("""COPY %s FROM '%s' WITH (FORMAT csv);"
                """ % (tablename, file))

        # 建立以 bike_id 的索引
        cursor.execute("""CREATE INDEX %s_bike_id_index ON %s (bike
            _id);""" % (tablename, tablename))
```

2.9 基本数据分析

单车的使用量极易受天气的影响，例如，雨天骑单车出行非常困难，使用的人也少。本节以 2018 年 5 月 29 日星期二（晴天）为例，分析一些基本的出行信息。代码使用 jupter-notebook 书写，以便于运行：

```
%matplotlib inline

import seaborn
from matplotlib import style
import matplotlib.style
import matplotlib as mpl
mpl.style.use('seaborn-ticks')
import psycopg2 as pg
from sqlalchemy import create_engine
import pandas as pd

# 连接数据库
con = create_engine('postgresql://derekhe@localhost/xxbike')

# 从数据库中直接读取数据到 DataFrame 中
df = pd.read_sql_table("xxbike_20180529", con = con)

con.dispose()
# 单车数量
total = len(df.bike_id.unique())
total
305405
# 载入 Cython 进行编译，加速数据处理
%load_ext Cython
```

```
%%cython
import math
import datetime
from geopy.distance import great_circle
import pandas as pd

i = 0

def calc_distance(r):
    d = great_circle((r['lng'], r['lat']), (r['lng2'],
r['lat2'])).meters
    # 100 米以下的移动可以认为是 GPS 的偏移
    return 0 if d < 100 else d

def shift_loc(g):
    global i, total

    # 增加一条新的记录，用于收尾
    tail = g.tail(1).copy()
    tail.crawl_date = datetime.datetime(2018,5,30)
    g = g.append(tail, ignore_index=True)

    # 计算偏移量
    g[['lat2','lng2']] = g[['lat','lng']].shift(-1).fillna
(method='ffill')
    g['distance'] = g.apply(calc_distance, axis=1)

    # 因为可能存在 GPS 漂移，所以会有多个连续的距离为 0 的数据。这里将中间的数据移
    # 除，以达到合并数据的目的
    g = g.drop(g[(g.distance == 0) &
        ((g.distance==0).shift(1))].index[:-1])

    # 计算时间差
    g['start_time'] = g.crawl_date
    g['end_time'] = g.crawl_date.shift(-1).fillna(method='ffill')
    g['time_diff'] = g.end_time - g.start_time

    # 打印进度
    i= i + 1
    if i % 1000 ==0 :
        print(i, datetime.datetime.now())
```

```
        # 移除最后一条多余的记录
        return g[:-1]
    # 小范围地看一下单车的情况
    df_bikes = df[df.bike_id.isin(df.bike_id.values[5000:6000])]

    df_detail = df_bikes.groupby('bike_id').apply(shift_loc).set_index
       (['bike_id','cra
    wl_date']).sort_index()
    # 全量计算所有的单车信息，在 intel i7 3770K 4.5G 处理器上，需要耗时近一个小时
    # 去掉注释以运行，请注意计算机的内存消耗
    # df_detail =
df.groupby('bike_id').apply(shift_loc).set_index(['bike_id', 'cr#
awl_date']).sort_index()

    # 读取上一次存储的结果，不用反复计算
    df_detail = pd.read_hdf("bike_detail.hdf", key='bike')
```

计算使用次数：

```
    %%cython
    def num_of_usage(g):
        return len(g[g['distance'] != 0])
    usage_count =
df_detail.groupby('bike_id').apply(num_of_usage).sort_values(ascending
=False)
    usage_count
    bike_id
    0216189652#    57
    0216521860#    55
    0216632422#    38
    0216799153#    18
    8620888950#    18
    0216500154#    18
    ...
    Length: 305405, dtype: int64
    # 将计算结果存下来以便后续使用
    df_detail.to_hdf("bike_detail.hdf", key='bike')
    # 单车的详细情况
    df_detail.loc[usage_count[usage_count==2].index[0]]
```

crawl_date	lat	lng	lat2	lng2	distance	start_time	end_time	time_diff
2018-05-29 07:40:54	121.466822	31.305110	121.467663	31.310345	587.563977	2018-05-29 07:40:54	2018-05-29 08:28:00	00:47:06
2018-05-29 08:28:00	121.467663	31.310345	121.467663	31.310345	0.000000	2018-05-29 08:28:00	2018-05-29 10:35:51	02:07:51
2018-05-29 10:35:51	121.467663	31.310345	121.490196	31.333375	3337.532865	2018-05-29 10:35:51	2018-05-29 15:07:42	04:31:51
2018-05-29 15:07:42	121.490196	31.333375	121.490196	31.333375	0.000000	2018-05-29 15:07:42	2018-05-30 00:00:00	08:52:18

计算使用次数后，绘制如图 2-22 所示的单车使用次数分布图。

```
# 使用次数分布图
usage_count[usage_count!=0].hist(bins=range(1,11))
```

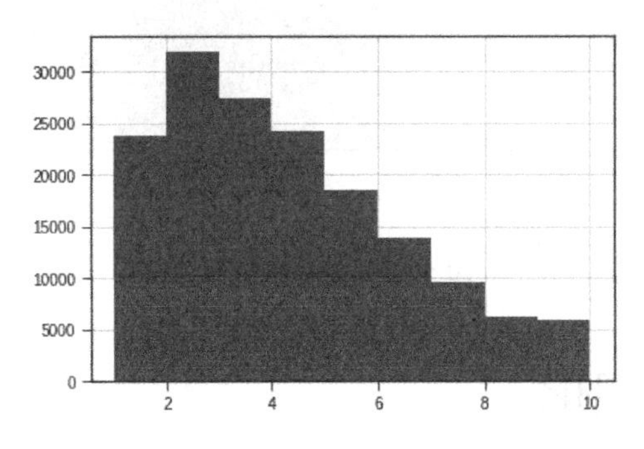

图 2-22　单车使用次数分布图

```
# 未移动的单车的比例
len(usage_count[usage_count == 0]) / len(usage_count) * 100
   46.48548648515905
# 出行距离统计
df_detail[df_detail.distance!=0]['distance'].hist(bins=range(0,
   10000,500))
```

出行距离统计如图 2-23 所示。

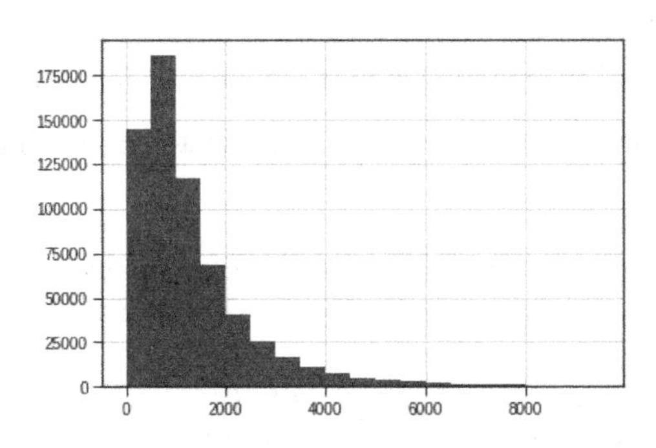

图 2-23　出行距离统计

```
# 出行时段统计
df_detail[df_detail.distance!=0]['start_time'].hist(bins=24,
xrot=45)
```

出行时段统计如图 2-24 所示。

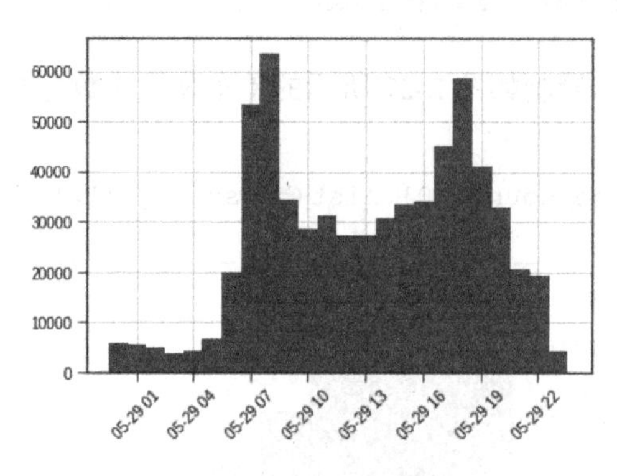

图 2-24　出行时段统计

2.10　地图可视化

利用百度地图、高德地图的开放 API，可以很方便地在地图上叠加单车的数据，从而将单车的数据结果以图形方式显示出来。要想在地图上图形化地显示数据结果，必须对 WGS84 坐标系进行转换。百度地图用的是 BD-09 坐标系，coordTransform_utils.py 中提供了相应的转换方法，脚本 batch-convert.py 会把 visual/assets/中的所有 WGS84 坐标系的 CSV 文件转换成 BD-09 坐标系。

1. 散点图

百度 ECharts 提供了基于地图的散点图，可以非常方便地将单车信息叠加到地图上。使用时首先加载 bmap 插件，然后设置 coordinateSystem 为 bmap，最后将数据复制给这个 series 即可：

```
var myChart = echarts.init(document.getElementById('main'));
Papa.parse("./assets/20180529-084827-上海市.bd09.csv", {
  download: true,
  complete: function (results, file) {
    var data = results.data.map((i) => {
      return {
```

```
            value: [i[2], i[3]]
          }
        })

        myChart.setOption(option = {
          title: {
            x: 'right',
            text: "单车位置分布",
            textStyle: {
              color: '#fff',
              fontSize: 30
            }
          },
          bmap: {
            center: [121.4693, 31.123070],
            zoom: 14,
            roam: true,
            mapStyle: {
              style: 'grayscale'
            }
          },
          series: [{
            type: 'scatter',
            coordinateSystem: 'bmap',
            data: data,
            symbolSize: 1,
            large: true,
          }]
        });

        myChart.setOption(option);
      }
    })
```

2. 热力图

热力图可直观、形象地显示单车分布的密集情况。在默认颜色的彩色图片上，红色越深则单车越多，蓝色越浅则单车越少。基于散点图的例子，只需在 option 中修改 series 的 type 为 heatmap，并指定热力图 pointSize 和 blurSize 即可：

```
    series: [{
        type: 'heatmap',
        coordinateSystem: 'bmap',
        data: data,
        pointSize: 1,
        blurSize: 6,
        large: true,
    }]
```

2.11 轨迹可视化

抓取的数据仅有“未在用的单车”的点位数据，而骑行中的单车并没有相应数据，只能知道某台单车从时刻 t_1 到时刻 t_2 的位置变化，不能获取单车移动的真实运动轨迹。在这种情况下，我们可以调用百度地图 API 和路线规划服务进行骑行路径的模拟计算，从而对单车轨迹进行模拟。

百度地图 API 分为网页版和 Web 服务版，需要单独申请对应的 KEY 才能使用。下面以上文介绍的一台单车的轨迹作为例子。

1．网页版可视化

百度地图提供了一个非常简单的 API，提供起点和终点坐标即可获得路径的展示及线路信息。

注意： 如果使用的是 WGS84 坐标系，则必须进行转换。

```
    var riding = new BMap.RidingRoute(map, {
        renderOptions: {
        map: map,
        panel: "r-result",
        autoViewport: true
        }
    });

    var start = coordtransform.wgs84tobd09(d['lat'], d['lng']);
    var end = coordtransform.wgs84tobd09(d['lat2'], d['lng2']);
    riding.search(new BMap.Point(start[0],start[1]), new
BMap.Point(end[0], end[1]));  //规划并展示路径
```

如果想得到详细的线路信息，请参考百度地图开放平台的相应API。

2. 批量生成轨迹

当需要输出计算轨迹信息到其他软件中进行处理时，则需要用到Web服务API。该API非常简单，只需传入起点和终点的坐标值及KEY即可。

```
http://api.map.baidu.com/direction/v2/riding?origin=40.01116,116.339303&destination=39.936404,116.452562&ak=你申请的ak
```

以上文的单车信息为例，计算CSV文件中的路径，输出骑行的步骤。如有必要，可以提取其中有用的信息：

```python
import requests
import csv
from pprint import pprint

# 在百度开发者平台申请你的KEY
key = '你的KEY'

with open("visual/assets/bike_movement.csv") as csvfile:
    reader = csv.reader(csvfile)
    next(reader) # 跳过文件头

    for row in reader:
        if float(row[5]) == 0:
            # 排除单车停留记录
            continue

        url = "http://api.map.baidu.com/direction/v2/riding?origin
            =%s,% s&destination=%s,%s&ak=%s" %(row[2], row[1], row[4],
        row[3], key)
        req = requests.get(url)

        for route in req.json()['result']['routes']:
            for step in route['steps']:
                pprint(step)
```

输出：

```
$ python3 calc-route.py
{'area': 0,
```

```
    'direction': 72,
    'distance': 64,
    'duration': 19,
    'instructions': '<b>合肥路</b>,骑行 60 米',
    'name': '合肥路',
    'path': '121.486571,31.221941;121.487214,31.222111',
    'pois': [],
    'stepDestinationInstruction': '',
    'stepDestinationLocation': {'lat': 31.222110895903, 'lng': 121.
        48721415391},
    'stepOriginInstruction': '',
    'stepOriginLocation': {'lat': 31.221941334685, 'lng':
        121.48657134287},
    'turn_type': '直行',
    'type': 5}
   {'area': 0,
    'direction': 70,
    'distance': 281,
    'duration': 85,
    'instructions': '<b>肇周路</b>,骑行 280 米',
    'name': '肇周路',
    'path': '121.487214,31.222111;121.487736,31.222283;121.487827,31.
    222311;121.488399,31.222512;121.488660,31.222598;121.488751,31.22
    2627;121.489293,31.222789;121.489434,31.222877;121.489835,31.2231
    91',
    'pois': [],
    'stepDestinationInstruction': '',
    'stepDestinationLocation': {'lat': 31.223190746198, 'lng':
        121.48983524063},
    'stepOriginInstruction': '',
    'stepOriginLocation': {'lat': 31.222110895903, 'lng':
        121.48721415391},
    'turn_type': '右转',
    'type': 5}
    ......
```

2.12 总结

某些单车的 APP 相对比较容易得到抓取数据，而且暂时没有或者没有开启反爬虫的措施，甚至允许大规模地抓取。大规模的抓取会影响效率，所以在设计爬虫时，需要根据具体的业务场景对抓取进行优化。例如，可以根据车辆密度分区域进行抓取，也可以设置排除区域以便跳过一些单车极其稀少的地方。

大量长期地抓取，会得到大量数据，这时还需要考虑存储的成本，一般会采用明文存储，再压缩存放。

在进行数据处理时，可以利用 Pandas 的 DataFrame 的 groupby 对单车编号进行分组计算并存储计算结果。当计算量非常大时，使用 Python 进行编译可以提高速度。

在可视化方面，可以结合地图提供的 API 进行散点图的绘制，但需要考虑大量数据情况下的性能。涉及路径计算时，可以使用导航地图所提供的骑行导航 API 进行路径的模拟计算，并在网页上模拟单车轨迹。

第 3 章

基于位置信息的爬虫 II

3.1 背景及目标

继共享单车火爆以后，共享汽车又成为另一个可能的爆发点。规模较大的共享汽车企业有微公交、EVCard、GoFun、盼达用车等，主要集中于电动汽车。电动汽车的特点是续航能力尚显不足，因此必须关注哪里有充电桩，出行距离需在充电桩覆盖的范围内，基础设施的建设投入很大。而立刻出行等大量使用燃油汽车，能够在一定程度上解决电动汽车基础设施不足的问题，实现弯道超车。有趣的是，GoFun也在逐渐增加燃油汽车的数量，并且利用已有的燃油汽车的停车场实现站点的迅速扩张。

本章分析共享汽车数据的获取方法以及基础的分析方法。

3.2 爬虫原理

与共享单车类似，共享汽车的 APP 会在地图上显示停车点位置信息以及停车点中的汽车数量信息。单击有车的停车场，会显示车辆的信息，包括牌照、车辆类型、续航里程数、价格等。

和共享单车类似，我们并不能得到“在用汽车”的相关信息，但可以通过追踪同一台车（牌照）在不同时刻的停车信息来获取一台车的使用情况。与共享单车不同的是，共享汽车的数量要小很多，并且有固定的停车场所，类似于有桩自行车。因此只需顺着停车场信息，将停车场中车辆的信息抓取下来即可。

共享汽车的数据能从共享汽车 APP 中得到。设置手机的代理服务器，开启 Charles 进行抓包后就可以看到数据请求的过程，Charles 抓取数据请求如图 3-1 所示。打开 APP 后，会产生大量的干扰请求，清除它们并且重新刷新会得到一个比较干净的请求。

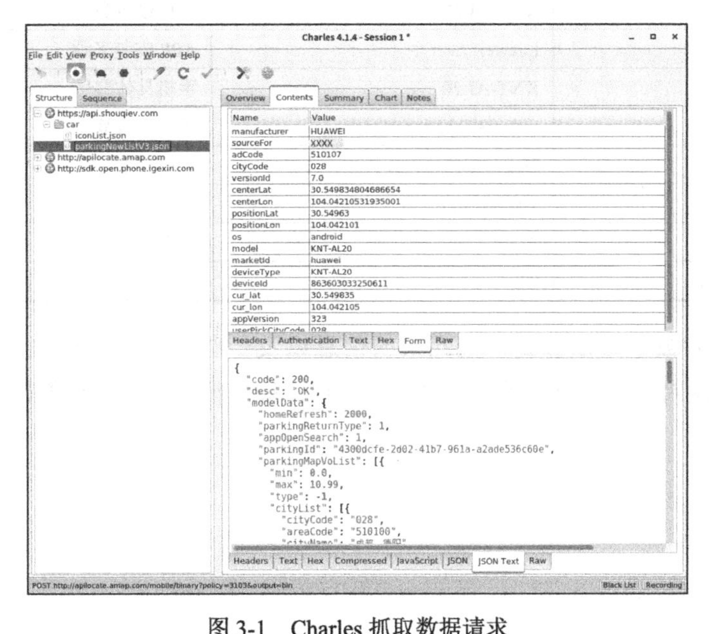

图 3-1　Charles 抓取数据请求

从抓包的截图上可以看到，parkingNewListV3.json 这个请求会获取中心点附近一定范围内的停车场的基础信息，该 POST 请求中包含的信息及含义如表 3-1 所示。

表 3-1　POST 请求中包含的信息及含义

参　数	值	含　义
manufacturer	HUAWEI	手机品牌
sourceFor	××××	数据源
adCode	510107	区域码
cityCode	028	城市代码
versionId	7.0	版本号
centerLat	30.549834804686654	界面中心点纬度
centerLon	104.04210531935001	界面中心点经度
positionLat	30.54963	手机所在位置纬度

续表

参　数	值	含　义
positionLon	104.042101	手机所在位置经度
os	android	操作系统类型
model	KNT-AL20	手机设备类型
marketId	huawei	APP 安装来源
deviceType	KNT-AL20	手机具体型号
deviceId	8636030332××××	手机设备编号
cur_lat	30.549835	当前纬度
cur_lon	104.042105	当前经度
appVersion	323	APP 版本
userPickCityCode	028	用户选取的城市代码

从上述参数中可以看到一些冗余的信息以及一些手机型号相关的信息，通过 Compose 方法对参数进行裁剪，如图 3-2 所示，最后得到有用的参数如表 3-2 所示。

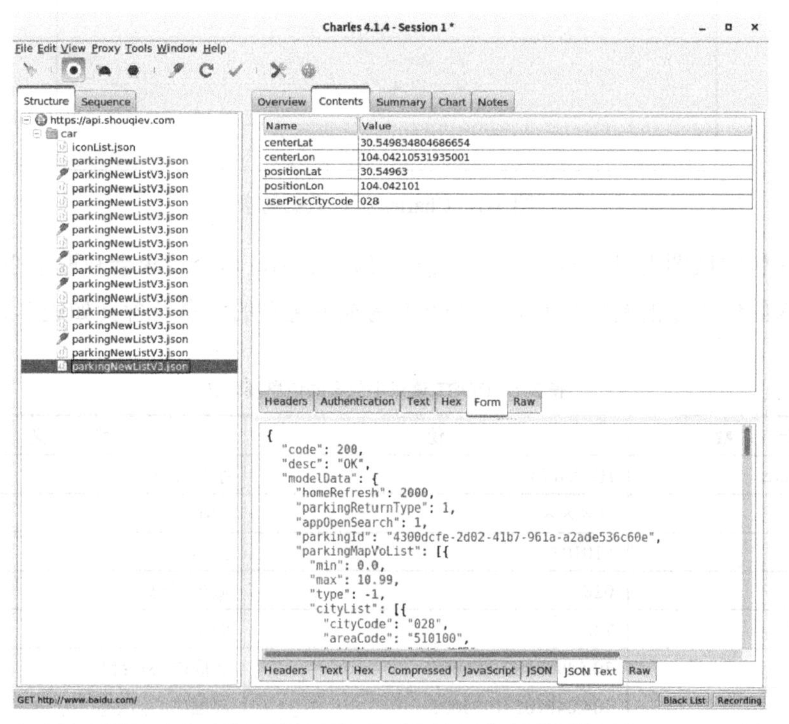

图 3-2　使用 Compose 方法对参数进行裁剪

表 3-2　POST 中有用的参数

参　数	值	含　义
centerLat	30.549834804686654	界面中心点纬度
centerLon	104.04210531935001	界面中心点经度
positionLat	30.54963	手机所在位置纬度
positionLon	104.042101	手机所在位置经度
userPickCityCode	028	用户选取的城市代码

其中 centerLon 和 positionLon 两个位置值比较相似，通过远距离移动界面中心点的位置可以发现，positionLat 和 positionLon 并不会发生明显的变化，而 centerLat 和 centerLon 则会发生较大的变化。在第 2 章中，介绍了使用 Charles 的 cURL Request 功能生成 cURL 代码，然后利用在线转换网站把 cURL 代码转换成 Python 代码，这里采用相似的操作，过程不再赘述，转换后的 Python 代码如下：

```
import requests

headers = {
    'Authorization': '',
    'AppType': 'TPOS',
    'Accept': 'application/json',
    'versionName': '3.2.2.1042',
    'referer': 'http://api.shouqiev.com',
    'os': 'Android',
    'Host': 'api.shouqiev.com',
    'User-Agent': 'okhttp/3.10.0',
}

data = [
  ('centerLat', '30.606077189006392'),
  ('centerLon', '104.09663991843784'),
  ('positionLat', '30.549773'),
  ('positionLon', '104.042061'),
  ('userPickCityCode', '028'),
]

response = requests.post('https://api.shouqiev.com/car/
    parkingNewListV3.json', headers=headers, data=data)
print(response.json())
```

仔细研究 API 返回的值可以发现，modelData.parkingMapVoList[2].parkingList[0] 中有附近区域的停车场的相关信息，在遍历城市时，按照 parkingId 进行整合，可以得到整个城市的停车场的信息。我们尝试修改 centerLat 和 centerLon 的值，可见返回值发生了变化，说明这两个值是遍历整个城市的必要条件。

继续单击某个有车的停车场后，用 Charles 抓取数据的 API 是 https://api.shouqiev.com/order/parkingConfirmPage.json。去掉无关参数后，可以生成如下代码：

```
import requests

headers = {
    'Authorization': '',
    'AppType': 'TPOS',
    'Accept': 'application/json',
    'versionName': '3.2.2.1042',
    'referer': 'http://api.shouqiev.com',
    'os': 'Android',
    'Host': 'api.shouqiev.com',
    'User-Agent': 'okhttp/3.10.0',
}

data = [
  ('parkingId', 'X20000324'),
  ('cityCode', '028'),
  ('returnParkingId', 'X20000324'),
  ('appVersion', '323'),
]

response =
requests.post('https://api.shouqiev.com/order/parkingConfirmPage.json'
, headers=headers, data=data)
```

返回值包含了未被使用的车辆的各种信息，包括车辆 ID、牌照号码、品牌、车型、车辆年份、传动类型、座位数等基本信息，还包括电池电量、油量、续航里程数、能源类型等信息，非常翔实：

```
{
    "code": 200,
    "desc": "OK",
    "modelData": {
```

```
    "abatement": "10.00",
    "autoSettleDesc":"若使用燃油汽车，请注意限行时间及限行区域\n 预定成功
        15 分钟后自动开始计费\n 开始计费 30 分钟内不取车自动结算订单",
    "parkingName": "铁象寺交投路边占道停车位 2（严禁停线外）",
    "takeParkingName": "铁象寺交投路边占道停车位 2（严禁停线外）",
    "parkingReturnType": 1,
    "parkingAddress": "四川省成都市武侯区××街道××商城",
    "cityCode": "028",
    "parkingChargeType": 0,
    "searchList": [{
        "carId": "b3855715-bf28-4465-83e6-0a32b746f40a",
        "terminalId": "001017000177",
        "plateNum": "川 A9××××",
        "carTypeID": "3e661e9d-2e8a-4db3-a3c8-3c9ae3d5a8c9",
        "brand": "雪佛兰",
        "series": "科沃兹",
        "year": "2017",
        "name": "科沃兹",
        "transmission": "AT",
        "seats": "5 座",
        "carImg": "http://gofuntest.oss-cn-beijing.aliyuncs.com/
            d4fdaa0b05eb55198b71a4573b1a6950.png",
        "preTime": "0.20",
        "preMile": "1.20",
        "lon": 104.0482005,
        "lat": 30.5566433,
        "parkingIDs": "06c28f10-f8a7-454c-8eec-b0eede7fe8a6",
        "toParkingIDs": "X20000324",
        "parkingName": "铁象寺交投路边占道停车位 2（严禁停线外）",
        "parkingAddress": "四川省成都市武侯区××街道××商城",
        "battery": 71,
        "enmileage": "346 公里",
        "dcCharge": 0,
        "acCharge": 0,
        "isCharging": 0,
        "carNightType": 0,
        "feeTypeID": "f3d0dfe12c3c489a8ec79bcccc5129e3",
        "enmileageInteger": 346,
        "energy": 2,
        "totalMileage": 6799000
    }],
    "parkingId": "X20000324",
```

```
        "nightDescUrl":
"https://api.shouqiev.com/order/nightDescPage.json?cityCode=028",
        "isShow": 1
      }
  }
```

得到停车场信息和车辆信息后，剩下的任务就是，得到全国范围内的城市的区域了。在界面上选择城市，可以得到城市列表，该动作会触发一个 POST 请求到下面这个网址：

```
https://api.shouqiev.com/car/cityList.json
```

通过删除多余的参数可以发现，得到 cityList 并不需要太多的参数。返回值中包含了城市的相关信息，例如，城市中心的坐标 lat、lon 值，城市区域的 minLon、maxLon、minLat、maxLat 值等。cityList 的请求结果如图 3-3 所示。

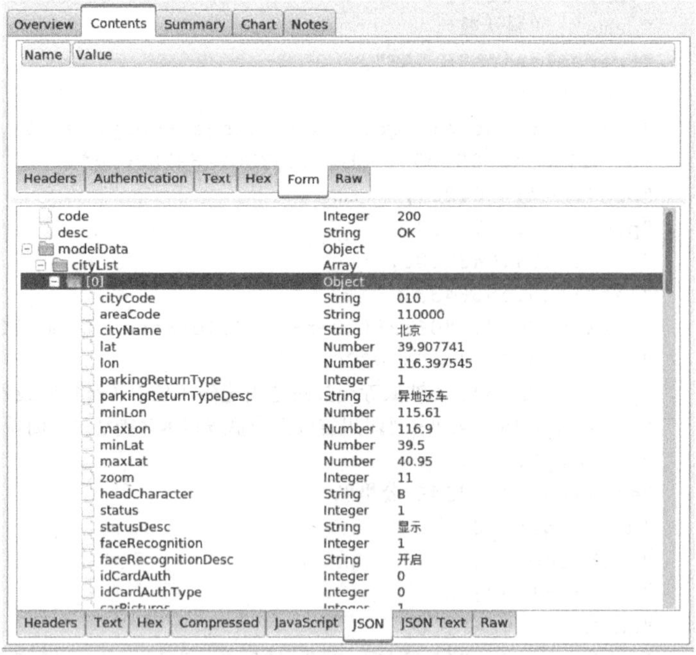

图 3-3　cityList 的请求结果

```
curl -H 'Authorization: ' -H 'AppType: TPOS' -H 'Accept:
application/json' -H 'versionName: 3.2.2.1042' -H 'referer:
http://api.shouqiev.com' -H 'os: Android' -H 'Host: api.shouqiev.com' -H
```

```
'User-Agent: okhttp/3.10.0' --data "" --compressed
'https://api.shouqiev.com/car/cityList.json'
```

按照这个思路，可以写出一个可工作的爬虫代码：

```
import requests
import numpy as np
import json

headers = {
        'Authorization': '',
        'AppType': 'TPOS',
        'Accept': 'application/json',
        'versionName': '3.2.2.1042',
        'referer': 'http://api.shouqiev.com',
        'os': 'Android',
        'Host': 'api.shouqiev.com',
        'User-Agent': 'okhttp/3.10.0',
    }


def get_post_data(city_code, lat, lon):
    return [
        ('centerLat', lat),
        ('centerLon', lon),
        ('positionLat', lat),
        ('positionLon', lon),
        ('userPickCityCode', city_code),
    ]


def get_parking_list(city_code, lat, lon):
    data = get_post_data(city_code, lat, lon)
    resp = requests.post(
        'http://api.shouqiev.com/car/parkingNewListV3.json', headers=
            headers, data=data, timeout=10).json()

    parking_list = resp['modelData']['parkingMapVoList'][2]
        ['parkingList']
    return parking_list


def get_city_info():
```

```
    resp = requests.post(
        'http://api.shouqiev.com/car/cityList.json', headers=headers,
            timeout=10).json()

    return resp['modelData']['cityList']


def get_parking_info(city_code, parking_id):
    data = [
            ('parkingId', parking_id),
            ('cityCode', city_code),
            ('returnParkingId', parking_id),
            ('appVersion', '323'),
    ]

    resp = requests.post(
        'http://api.shouqiev.com/order/parkingConfirmPage.json',
            headers=headers, data=data, timeout=10).json()
    return resp['modelData']['searchList']


parking_list = {}
car_list = {}

# 0.3 间隔很大，仅用于演示，实际值需要调整到 0.1 以下
offset = 0.3

# 某些城市没有提供经纬度的极限值，因而可以参照北京的经纬度计算该城市的经纬度范围
default_lat_diff = (40.95 - 39.5)/2
default_lon_diff = (116.9 - 115.61)/2

for city in get_city_info():
    print(city['cityName'])

    if 'minLat' in city:
        min_lat = city['minLat']
        max_lat = city['maxLat']
        min_lon = city['minLon']
        max_lon = city['maxLon']
    else:
        print("City region missing, use default offset")
        min_lat = city['lat'] - default_lat_diff
```

```
        max_lat = city['lat'] + default_lat_diff
        min_lon = city['lon'] - default_lon_diff
        max_lon = city['lon'] + default_lon_diff

    for lat in np.arange(min_lat, max_lat, offset):
        for lon in np.arange(min_lon, max_lon, offset):
            city_code = city['cityCode']
            print("Crawling", city_code, lat, lon)

            for parking in get_parking_list(city_code, lat, lon):
                id = parking['parkingId']
                parking_list[id] = parking
                print(parking['parkingName'])

                for car in get_parking_info(city_code, id):
                    car_id = car['carId']
                    car_list[car_id] = car
                    print(car)

with open("car.json", "wt") as f:
    f.write(json.dumps({"parking": parking_list, "cars": car_list},
ensure_ascii=False))
```

3.3　优化方案一

该爬虫可以优化的地方如下：

- 从业务上考虑，爬虫会花大量的时间遍历城市获取停车场信息。而停车场位置信息一般不会频繁更新，可以每天采集一次停车场位置信息并存储，后续抓取时，从存储的停车场信息中查询车辆信息即可。
- 结合多线程和代理池，可以进一步加快抓取的速度并减少被拒绝的可能。
- 存储方面，可以加入压缩包存储代码加入。

这部分留给读者自行完成，不再赘述。

首先，获取停车场信息：

```
import requests
import numpy as np
import json
```

```
from concurrent.futures import ThreadPoolExecutor

headers = {
        'Authorization': '',
        'AppType': 'TPOS',
        'Accept': 'application/json',
        'versionName': '3.2.2.1042',
        'referer': 'http://api.shouqiev.com',
        'os': 'Android',
        'Host': 'api.shouqiev.com',
        'User-Agent': 'okhttp/3.10.0',
    }

def get_post_data(city_code, lat, lon):
    return [
        ('centerLat', lat),
        ('centerLon', lon),
        ('positionLat', lat),
        ('positionLon', lon),
        ('userPickCityCode', city_code),
    ]

def get_parking_list(city_code, lat, lon):
    data = get_post_data(city_code, lat, lon)
    resp = requests.post(
        'http://api.shouqiev.com/car/parkingNewListV3.json',
            headers=headers, data=data, timeout=10).json()

    parking_list = resp['modelData']['parkingMapVoList'][2]
       ['parkingList']
    return parking_list


def get_city_info():
    print("Getting city info")
    resp = requests.post(
        'http://api.shouqiev.com/car/cityList.json', headers=headers,
            timeout=10).json()

    return resp['modelData']['cityList']

def run(city):
```

```
    print(city['cityName'])

    if 'minLat' in city:
        min_lat = city['minLat']
        max_lat = city['maxLat']
        min_lon = city['minLon']
        max_lon = city['maxLon']
    else:
        print("City region missing, use default offset")
        min_lat = city['lat'] - default_lat_diff
        max_lat = city['lat'] + default_lat_diff
        min_lon = city['lon'] - default_lon_diff
        max_lon = city['lon'] + default_lon_diff

    for lat in np.arange(min_lat, max_lat, offset):
        for lon in np.arange(min_lon, max_lon, offset):
            city_code = city['cityCode']
            print("Crawling", city_code, lat, lon)
            for parking in get_parking_list(city_code, lat, lon):
                id = parking['parkingId']
                parking_list[id] = parking
                print(parking['parkingName'])

parking_list = {}

# 大约 2 千米半径
offset = 0.08

# 某些城市没有提供经纬度的极限值，只提供了默认的区域大小
default_lat_diff = 0.5
default_lon_diff = 0.5

executor = ThreadPoolExecutor(max_workers=50)
for city in get_city_info():
    executor.submit(run, city)

executor.shutdown()

with open("parkings.json", "wt") as f:
    f.write(json.dumps(parking_list, ensure_ascii=False))
```

然后获取车辆信息：

```
import requests
import numpy as np
import json
from concurrent.futures import ThreadPoolExecutor

headers = {
        'Authorization': '',
        'AppType': 'TPOS',
        'Accept': 'application/json',
        'versionName': '3.2.2.1042',
        'referer': 'http://api.shouqiev.com',
        'os': 'Android',
        'Host': 'api.shouqiev.com',
        'User-Agent': 'okhttp/3.10.0',
    }


def get_parking_info(job):
    city_code, parking_id = job
    data = [
            ('parkingId', parking_id),
            ('cityCode', city_code),
            ('returnParkingId', parking_id),
            ('appVersion', '323'),
    ]

    resp = requests.post(
        'http://api.shouqiev.com/order/parkingConfirmPage.json',
            headers=headers, data=data,
timeout=10).json()['modelData']['searchList']

    for car in resp:
        car_id = car['carId']
        car_list[car_id] = car
        print(car['plateNum'])

car_list = {}

executor = ThreadPoolExecutor(max_workers=50)
with open("parkings.json", "rt") as f:
    parkings = json.loads(f.read())
    for id,parking in parkings.items():
        city_code = parking['cityCode']
```

```
        executor.submit(get_parking_info, (city_code, id))

    executor.shutdown()

    with open("car.json", "wt") as f:
        f.write(json.dumps(car_list, ensure_ascii=False))
```

3.4　优化方案二

我们可以通过类似的原理获取其他共享汽车 APP 停车场信息和车辆信息，但通过 Charles 抓取请求时，发现有以下几个难点。

（1）API 请求中需要有签名信息

签名信息如表 3-3 所示。

表 3-3　签名信息

键	值
timestamp	1528793135836
sign	0B053C3E7CB377C8D0DFAF9757FFDDCE
random	UGPaEN
token	空白
appkey	evcardapp

在 API 请求中，当有 timestamp、sign 出现时，事情会变得颇为复杂，这意味着 API 的请求和请求时间关联，并且需要一些特定的算法计算出 sign 值。sign 值的计算通常会用到请求的 URL 和参数。

某些保护较好的 APP 中，这部分计算通常在原生（native）代码中进行（在 Android 中，是在某些 lib*.so 里面），并且与之相关的调用代码也会做加密处理。通常整个应用程序也会进行加壳保护，因此想得到 sign 的值就变得难度很高，反向破解的难度非常大。

（2）返回值是不可读字符

有的时候，返回值是不可读字符，并且不清楚含义是什么。但通过 API 的名称中保留的 gzip 这个关键字，可以猜测这个请求返回的是 gzip 压缩的内容。另外，请求头的 accept-encoding 中也是 gzip，进一步肯定了这个猜测。

为了看到请求的信息，可以暂时忽略签名信息，用 cURL 生成一段 Python 代码，然后用 gzip 进行解码：

```
import requests
import gzip
import ujson

headers = {
    'content-type': 'application/json; charset=UTF-8',
    'content-length': '46',
    'accept-encoding': 'gzip',
    'user-agent': 'okhttp/3.10.0',
}

# 这些信息已经过时，需要根据抓包的信息更新这些值
params = (
    ('timestamp', '1528793135495'),
    ('sign', '6E16AD5C18DC7765FE8AA95DBF475E7A'),
    ('random', 'wVi918'),
    ('token', ''),
    ('appkey', 'evcardapp'),
)

data = '{"updatedTime":"20180612163919372","token":""}'

response = requests.post('https://apigw-mas.evcard.vip/
    evcard-mas/v1/ge
tShopBaseInfoGzipNew', headers=headers, params=params, data=data)

print(ujson.decode(gzip.decompress(response.content).decode("UTF-8"
)))
```

得到的返回值如下，这个 API 中包含了有关站点的所有信息，但并不是全国所有的信息：

```
{
    'serialNum': 0,
    'status': 0,
    'message': '',
    'serviceName': 'getShopBaseInfoGzipNew',
    'token': None,
```

```
    'dataList': [
        {
            'shopSeq': 9265,
            'shopName': '花桥可逸兰亭',
            'tel': None,
            'address': '江苏省苏州市昆山市花桥镇××路××号',
            'areaCode': '310114',
            'latitude': 31310211,
            'longitude': 121071236,
            'shopPicUrl': 'https://evcard.oss-cn-shanghai.aliyuncs.
                com/prod/shopImg/e57520be-1a3
             0-46a4-ac9c' +
                '-4b2c9fe3f3a5/20171018140705432O.jpg',
            'shopDesc': '网点位于房屋北侧',
            'forPublic': 0,
            'updatedTime': '20180612170914867',
            'agencyId': '00',
            'restrict': 0,
            'deleteFlag': 0,
            'shopProperty': 1,
            'pickVehAmount': 0.0,
            'returnVehAmount': 0.0,
            'chargeStandards': None,
            'navigateAddress': '江苏省苏州市昆山市花桥镇××路××号',
            'shopType': 3,
            'stackType': 'E50/EQ/之诺',
            'shopOpenTime': '',
            'shopCloseTime': '',
            'orgId': '000T',
            'grade': '10',
            'shopKind': 0,
            'shopBrandType': 0,
            'shopCoordinates': None,
            'leftIconNumber': '',
            'centerIconNumber': '2_1',
            'rightIconNumber': '3_1',
            'displayIconNumber': '2_19',
            'isHomeDelivery': 0
        }
    ],
    'listSize': 1
}
```

从 API 请求中，可以看到有一个 updatedTime 参数，是非常近的一个时间。将 updatedTime 改为以前的时间，结果意外地获取 1.4 万条左右的停车场信息，覆盖了全国的停车场。

接下来研究签名信息的处理。前面修改 updateTime 参数时，服务器并没有返回错误消息，说明没有对参数进行验证。签名信息中包含了 timestamp 参数，很显然，服务器一定设置了超时时间。一段时间后再次请求 API，服务器返回签名失败的错误码：

```
{'status': -1, 'token': None, 'message': '验签校验失败', 'dataList':
None, 'listSize': 0, 'serialNum': 0, 'serviceName':
'getShopBaseInfoGzipNew'}
```

接着尝试使用同一个签名信息，只是修改 API 的 URL 到另一个请求的 URL，发现可以正常请求。可见这个 sign 并没有对参数和请求的 API 进行验证，只是通过 timestamp 和 random 值进行了计算。经过多次尝试发现，同一个签名在 10 分钟内可以应用到任何一个请求上。

发现这些以后，我们可以尝试通过定时刷新该共享汽车 APP，用 mitmproxy 抓取签名参数，然后用抓取的签名参数进行抓取，爬虫原理如图 3-4 所示。

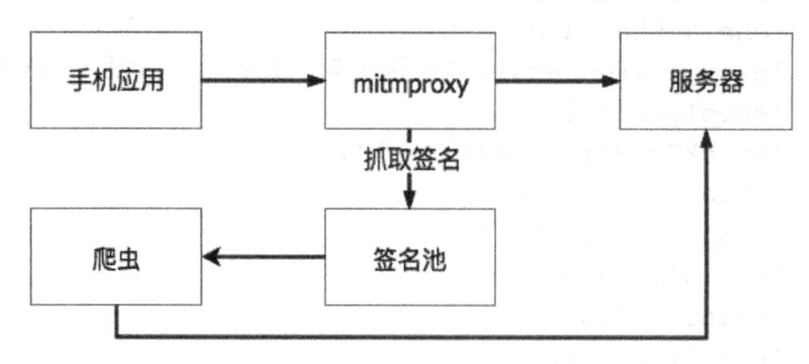

图 3-4　爬虫原理

（3）用 mitmproxy 脚本存储签名

为了抓取签名，可以给 mitmproxy 编写一个脚本，以便对所有包含该共享汽车 APP 关键字的 URL 进行监控，然后存储请求中的签名。这里为了简化，将签名采用 pickle 的方式导出并存储到文件。在更复杂的场景中，可以将这些值存储到 Redis 中，并设置不多于 10 分钟的超时时间，然后在爬虫中进行多线程访问时，可以将这些值随机地取出来加以利用。

```
import pickle

class SignCapture:
    def request(self, flow):
        if 'evcard' in flow.request.url:
            with open('sign.dump', 'wb') as f:
                data = flow.request.query.fields
                pickle.dump(flow.request.query.fields, f)

addons = [
    SignCapture()
]
```

（4）爬虫核心代码

只需较少地修改，就可以让爬虫从导出的签名中读取签名信息并用于请求：

- 修改 updateTime 到很早的时间。
- 读取 getShopBaseInfoGzipNew 接口并对其进行解压，可以得到所有的网点信息。

```
import requests
import gzip
import ujson
import pickle


headers = {
    'content-type': 'application/json; charset=UTF-8',
    'content-length': '46',
    'accept-encoding': 'gzip',
    'user-agent': 'okhttp/3.10.0',
}

with open('sign.dump', 'rb') as f:
    params = pickle.load(f)

# 修改时间到该共享汽车 APP 诞生前
data = '{"updatedTime":"20100612163919372","token":""}'

response = requests.post('https://apigw-mas.evcard.vip/evcard-mas/
                         v1/getShopBaseInfoGzipNew', headers=headers,
```

```
                                params=params, data=data)

with open('getShopBaseInfo.json', 'wt', encoding='UTF-8') as f:
    # 解压 gzip 内容
    origin_content = gzip.decompress(response.content).decode
        ("UTF-8")
    f.write(ujson.dumps(ujson.decode(origin_content), ensure_ascii=
        False, indent=4))
```

和前面的方法相似，要想得到所有车辆信息，首先需要知道哪些停车场有车，然后再遍历这些停车场。下面的代码简单演示了这个思路，要想达到快速、大规模获取，读者需要根据自己的需要改成多线程加代理的版本。存储部分可以参考前面的方案，最终存储到压缩包中。

运行脚本前，需要打开手机中的该共享汽车 APP，设置好 Wi-Fi 代理使用 mitmproxy 的代理端口，然后在另一个进程中运行 sign-capture.py 来实时更新签名：

```
mitmproxy -s sign-capture.py
```

成功运行后，可看到生成的 sign.dump 文件。如果没有生成，请检查网络设置和 mitmproxy 的证书设置。

接着，在另一个控制台中运行以下脚本：

```
import requests
import gzip
import ujson
import pickle

headers = {
    'content-type': 'application/json; charset=UTF-8',
    'content-length': '46',
    'accept-encoding': 'gzip',
    'user-agent': 'okhttp/3.10.0',
}

def get_params():
    # 从 sign.dump 中读取签名
    with open('sign.dump', 'rb') as f:
        return pickle.load(f)

def get_available_shops():
```

```
    data = '{"vehicleModelSeq":""}'

    response = requests.post('https://apigw-mas.evcard.vip/
        evcard-mas/getShopRealInfo
        Gzip', headers=headers, params=get_params(), data=data)

    # 解压原始信息
    origin_content = gzip.decompress(response.content).decode
        ("UTF-8")
    info = ujson.decode(origin_content)

    # 得到所有可用的停车场
    available_shops = list(map(lambda x: x[0], filter(lambda x: x[1] !=
        '0', map(lambda x: x.split(':'), info['dataList']))))
    return available_shops

def get_car_info(shop_id):
    data = '{"canRent":1,"token":"","shopSeq":%s,"vehicleModelSeq
        ":""}'% shop_id

    # 需要增加额外的参数
    params = get_params() + (('service', 'getVehicleInfoList'),)
    response = requests.post('https://mas.evcard.vip:8443/
        evcard-mas/evcardapp',
        headers=headers, params=params, data=data)
    print(response.json()['dataList'])

for shop_id in get_available_shops():
    get_car_info(shop_id)
```

请求结果如下：

```
[{
  'latitude': 29505073,
  'nightCarDesc': '包夜车时段(18:00-次日 09:00)封顶：',
  'isForceInsurance': 0,
  'nightCarPrice': 80,
  'longitude': 106515821,
  'vehicleModelSeq': 106,
  'isDisplayInsurance': 1,
  'canRent': 1,
  'activityImg': None,
  'priceNum': '0.5,183',
```

```
    'oilDrivingRange': 0,
    'bugDate': None,
    'oil': -1,
    'vin': 'LVVDB17B6HB103504',
    'priceStr': '%s 元/分钟或%s 元/天',
    'shopSeq': 4971,
    'drivingRange': 150,
    'shopName': '皓林×××',
    'status': 1,
    'mileage': 9895,
    'vehicleType': 0,
    'isActivity': 0,
    'soc': 100,
    'oprerationOrgId': '0054',
    'fuelMaxMileage': 0,
    'totalDrivingRange': 0,
    'serviceStatus': 0,
    'vehicleNo': '渝 AD29×××',
    'isDisplayCross': 0,
    'isNightCar': 1,
    'bodyColor': 0,
    'disinfectDate': '20180615',
    'areaCode': '500107',
    'priceDesc': '0.5 元/分钟或 180 元/天',
    'approvedSeats': 4,
    'vehicleModelName': '奇瑞 EQ'
}]
```

3.5 优化方案三

某些 APP 做过一些特殊的处理，使用 Packet Capture 时能够抓到包，但设置手机 Wi-Fi 的 HTTP 代理后，通过 Charles 和 mitmdump 却无法抓取到请求。在 Packet Capture 抓取的信息中，发现一些更难处理的地方：

- HTTP 请求无法直接设置代理进行抓取。
- 请求信息中包含 client_time、verification、token 等信息，其中 client_time 和 verification 会随着时间、参数变化而变化，因此想通过固定签名进行请求是不可能的。

首先解决第一个问题。由于应用程序强制不使用代理，而使用 Packet Capture 能够抓到包，说明通过 VPN 的方式进行抓包是可行的。我们使用 Postern 这款软件模拟出一个 VPN，可以强制将某 APP 的流量转移到代理中去，使得抓包分析变得可行。VPN 转 HTTP 代理的步骤如图 3-5 所示。

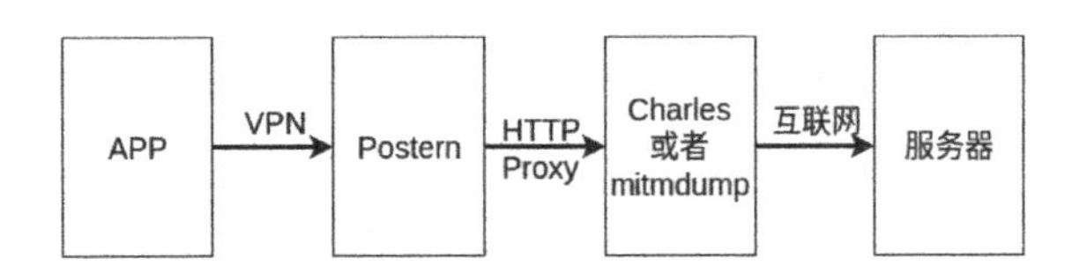

图 3-5　VPN 转 HTTP 代理的步骤

（1）设置 Postern

在设置 Postern 时，先删除原来的所有规则，在“配置代理”界面中创建一条 HTTP 的新代理。将 IP 地址和端口号正确配置为 Charles 或者 mitmdump 的代理服务器端口，保存该规则，如图 3-6 所示。

在“配置规则”界面中，创建一条规则，将所有的流量通过代理连接，如图 3-7 所示。

图 3-6　“配置代理”界面

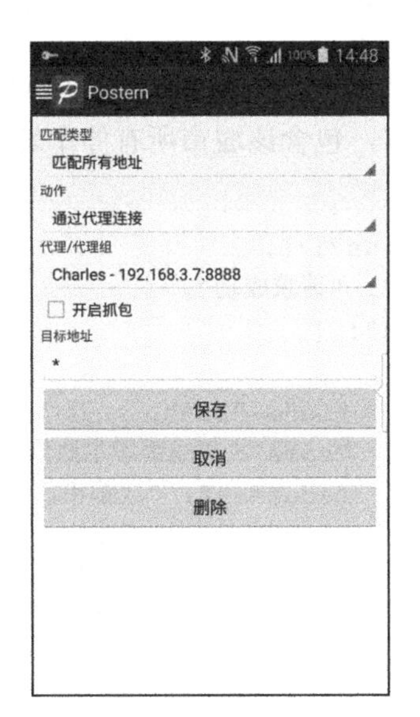

图 3-7　“配置规则”界面

打开 Charles，刷新 APP 即可看到流量被成功抓取，如图 3-8 所示。

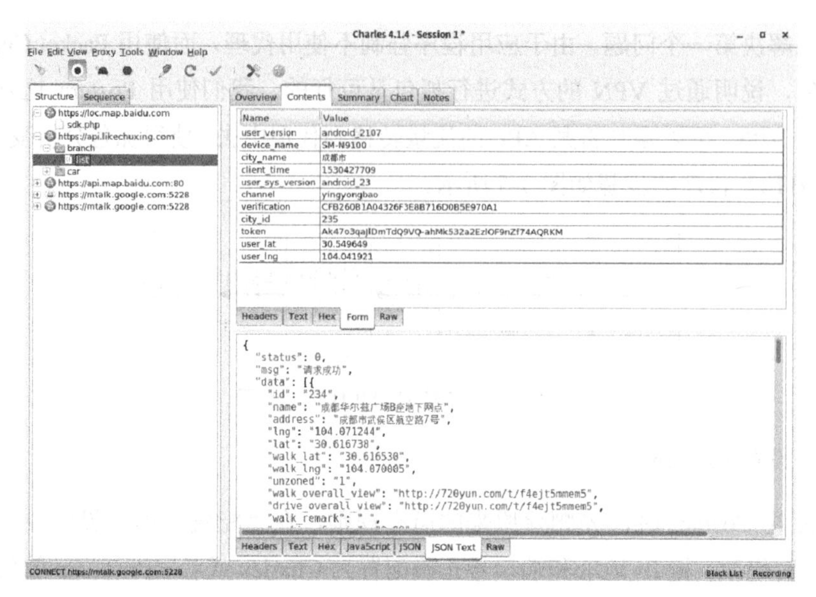

图 3-8 Charles 抓包

如果抓包失败，请检查是否是前文提到的 SSL.Pining 问题。

（2）API 分析

在抓取到的请求中，https://api.likechuxing.com/branch/list 这个 API 请求的返回值信息非常丰富，包含该城市所有停车场的信息。下面截取正常请求的一部分：

```
{
    "status": 0,
    "msg": "请求成功",
    "data": [
        {
            "id": "234",
            "name": "成都华尔兹广场 B 座地下网点",
            "address": "成都市武侯区××路××号",
            "lng": "104.071244",
            "lat": "30.616738",
            "walk_lat": "30.616530",
            "walk_lng": "104.070005",
            "unzoned": "1",
            "walk_overall_view": "http://720yun.com/t/f4ejt5mmem5",
            "drive_overall_view": "http://720yun.com/t/f4ejt5mmem5",
            "walk_remark": " ",
```

```
            "parking_fee_in": "0.00",
            "biz_type": "0",
            "is_branch_limit": 1,
            "car_cnt": 3,
            "max_remain_km": "413"
        },
        ......
        {
            "id": "270",
            "name": "成都蓝色加勒比广场网点",
            "address": "成都市武侯区××路××号",
            "lng": "104.077360",
            "lat": "30.623310",
            "walk_lat": "30.623418",
            "walk_lng": "104.077613",
            "unzoned": "1",
            "walk_overall_view": "http://720yun.com/t/555jt5mmua4",
            "drive_overall_view": "http://720yun.com/t/555jt5mmua4",
            "walk_remark": " ",
            "parking_fee_in": "0.00",
            "biz_type": "0",
            "is_branch_limit": 1,
            "car_cnt": 3,
            "max_remain_km": "590"
        }
    ]
}
```

从返回结果可以看到名称、位置信息，以及步行、驾车导航信息。car_cnt 是一个重要的参数，它表示了该停车网点有多少辆车可以使用。我们可以筛选所有的 car_cnt 不为 0 的停车场，然后一一获取停车网点中的车辆的信息。

获取车辆信息的方法如下。

方法一：模拟手工单击停车网点

首先，对当前位置进行截图；其次，识别图上有关的停车网点，如图 3-9 所示；最后，模拟单击这个停车网点并记录信息。这种方法需要移动当前的地图，并且要知道当前移动的位置，使用起来比较困难。

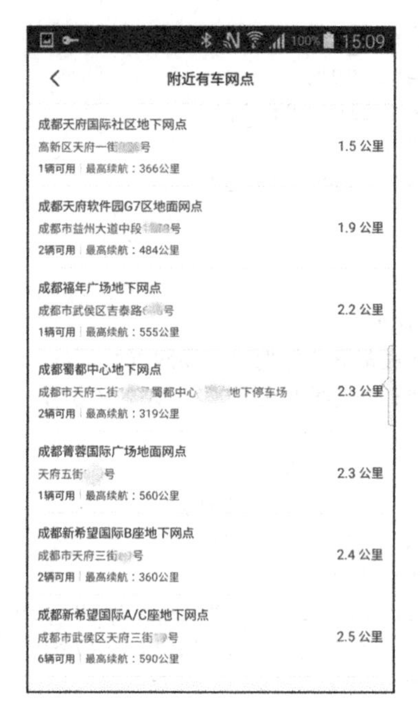

图 3-9　附近有车网点

方法二：使用附近的停车场功能

我们可以将当前位置模拟到任何停车场附近，然后单击“附近停车场”图标，从“附近停车场信息”的列表可以得到停车场车辆信息。

这里我们选择方法二。

（3）模拟位置

在 Android 上模拟 GPS 位置信息时，很容易想到 Mock Location 之类的服务或者 APP，但实际上并不起作用。原因是很多 LBS（Location Based Service，基于位置的服务）并不只依赖于 GPS 位置信息，在信号不好时需要其他额外的辅助定位措施。百度地图、高德地图等厂商提供了 SDK 来简化定位的服务器。仔细观察可以发现，刷新某 APP 的位置信息时，会调用百度地图的 SDK 接口 https://loc.map.baidu.com/sdk.php，其中返回了具体的位置信息，如图 3-10 所示。

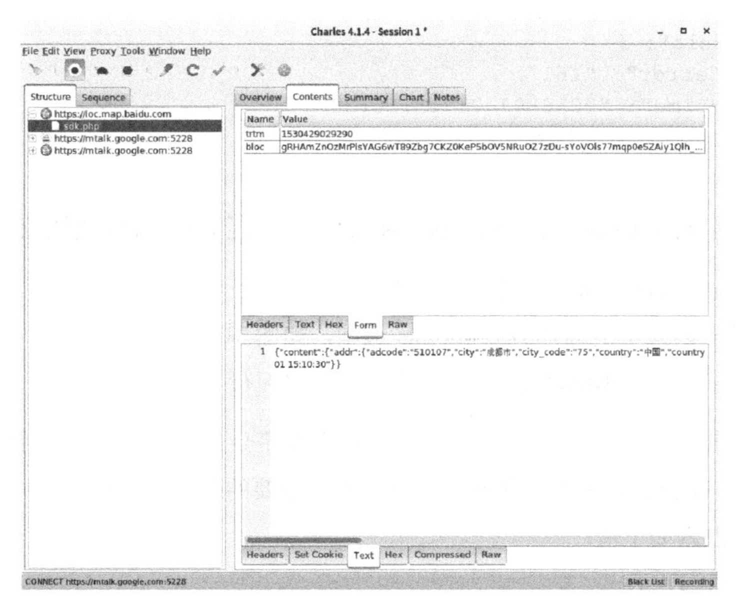

图 3-10　百度地图的 SDK 接口返回值


```
{
    "content": {
        "addr": {
            "adcode": "510107",
            "city": "成都市",
            "city_code": "75",
            "country": "中国",
            "country_code": "0",
            "district": "武侯区",
            "province": "四川省",
            "street": "荣华南路"
        },
        "bldg": "",
        "clf": "104.043309|30.548158|2000.000000",
        "floor": "",
        "indoor": "1",
        "loctp": "wf",
        "point": {
            "x": "104.041921",
            "y": "30.549649"
        },
        "radius": "40.000000",
        "ssid": "2"
    },
```

```
    "result": {
        "error": "161",
        "time": "2018-07-01 15:10:30"
    }
}
```

我们可以利用 Charles 的 Breakpoints 功能，尝试拦截返回值，模拟应用程序接收：

- 在 sdk.php 请求处单击右键菜单。
- 从右键菜单中选择 Breakpoints 选项，如图 3-11 所示。
- 成功设置后 Breakpoints 前面会多一个对勾符号。

手动编辑返回值时，如果时间太长，应用程序会认为请求失败，所以我们先将刚才抓取请求的 point 中的 x 和 y 字段改为我们需要的位置。以成都市中心为例，可以将 x 和 y 改为如下值：

```
"point": {
    "x": "104.071756",
    "y": "30.66129"
},
```

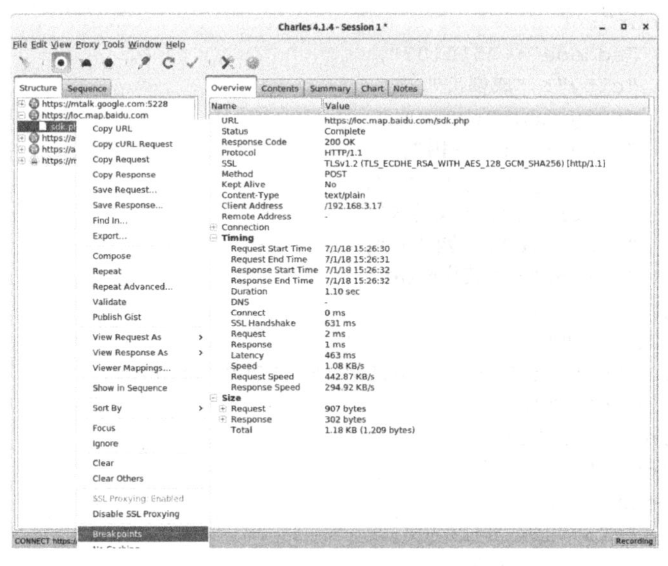

图 3-11　右键菜单

将修改好的结果放在剪切板里，当出现编辑窗口时迅速粘贴进去，避免超时。在 APP 里按刷新按钮会在断点暂停两次：

- 第一次是编辑请求（Edit Request），不需要做任何修改，直接按 Execute 按钮继续，编辑请求界面如图 3-12 所示。

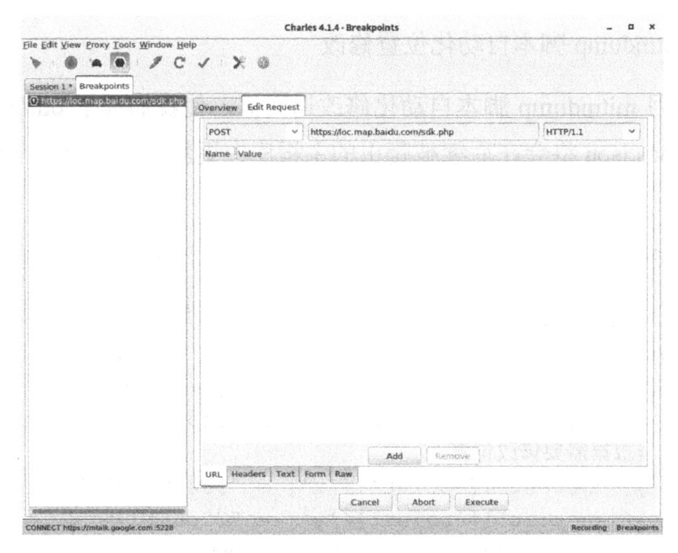

图 3-12　编辑请求界面

- 第二次是编辑返回值（Edit Response），此时我们迅速切换到 Text 中，将之前复制的内容粘贴到里面，并按 Execute 按钮，如图 3-13 所示。

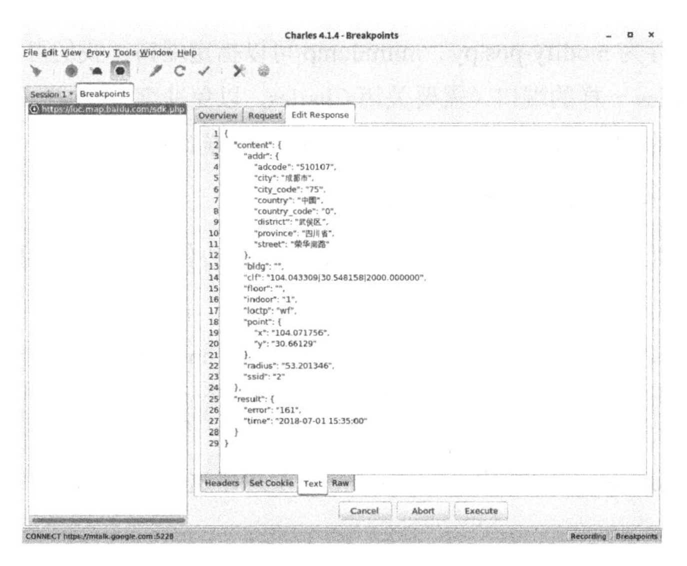

图 3-13　编辑返回值界面

观察 APP，可以发现当前位置会切换到成都市中心位置。如果因为超时没有成功，则可以多试几次。

（4）用 mitmdump 脚本自动化位置修改

我们可以用 mitmdump 脚本自动化修改返回值，使我们处于 out/pos.json 中描述的任何位置。pos.json 将会在后续被爬虫的主程序中更新，以便将当前坐标转移到新的目标地点：

```
import ujson

class SignCapture:
    def response(self, flow):
        if "loc.map.baidu.com" in flow.request.url:
            j = ujson.decode(flow.response.content)
            #根据需要修改位置
            j['content']['point']['x'] = "104.071756"
            j['content']['point']['y'] = "30.66129"
            flow.response.text = ujson.dumps(j)

addons = [
    SignCapture()
]
```

将文件保存为 modify-pos.py。mitmdump 可以指定端口，我们可以将 mitmdump 指定为和 Charles 一样的端口（需要关闭 Charles，以免冲突），这样不用修改 Postern 的配置。下面的命令可以将 mitmdump 运行在 8888 端口：

```
mitmdump -p 8888 -s modify-pos.py
```

重新打开某 APP，这时坐标会出现在成都市中心位置。此时查看车辆信息会出现控制台告警，并且无法显示正确的信息：

```
192.168.3.17:47769: CONNECT api.likechuxing.com:443
 << Cannot establish TLS with api.likechuxing.com:443 (sni: None):
TlsException('Cannot validate certificate hostname without SNI',)
```

对于 mitmdump，可以使用--ssl-inscure 选项忽略这些告警：

```
mitmdump --ssl-inscure -p 8888 -s modify-pos.py
```

这时就能正确显示车辆信息了。

我们回到 Charles 中找到相关的接口：

- 停车场信息接口是 https://api.likechuxing.com/branch/list，调用一次即可返回所有的停车场信息。
- 车辆信息的接口是 https://api.likechuxing.com/car/list，其中，返回值中的关键参数 begin_branch_id 是停车场的 id 编号。我们可以根据这个参数将车辆信息存储到相应的 JSON 文件中。

```
import ujson


class SignCapture:
    def response(self, flow):
        if "loc.map.baidu.com" in flow.request.url:
            j = ujson.decode(flow.response.content)
            # 从文件中读取需要设置的位置
            with open("./out/pos.json", "rt") as f:
                pos = ujson.loads(f.read())
            j['content']['point']['x'] = pos['x']
            j['content']['point']['y'] = pos['y']

            # 修改返回值
            flow.response.text = ujson.dumps(j)


class DumpParkingInfo:
    def response(self, flow):
        # 存储刷新后的停车场信息
        if "branch/list" in flow.request.url:
            with open("./out/parkings.json", "wt") as f:
                f.write(flow.response.text)


class DumpCarInfo:
    def response(self, flow):
        # 根据停车场的 id 编号存储车辆的信息
        if "car/list" in flow.request.url:
            params = {}
            for a, b in flow.request.urlencoded_form.items(multi=True):
                params[a] = b
```

```
            id = params['begin_branch_id']
            with open("./out/" + id + ".json", "wt") as f:
                f.write(flow.response.text)


addons = [
    SignCapture(),
    DumpParkingInfo(),
    DumpCarInfo()
]
```

（5）自动化遍历停车场信息

接下来要解决的问题是如何对停车场信息进行遍历，步骤如下：

- 遍历抓取的停车场信息。
- 将当前位置设置为某停车场位置。
- 获取附近的停车场信息。

要想自动化完成这项功能，就需要用 Appium 帮我们进行 APP 的界面操作。

查找到某 APP 的刷新按钮和附近停车场按钮的 ID。

① 打开 Android Device Monitor 主界面后，单击 Dump View Hierachy for UI Automator 按钮，如图 3-14 所示。

② 几秒钟后会出现屏幕截图。单击右下角的地图刷新标志，可以得到它的 resource id 是 com.like.car:id/ib_loc。同理，可以得到右上角附近停车场的 resource id 是 com.like.car:id/ib_title_bar_ near_point。

然后用手机单击附近停车场的图标后，进入附近停车场的选择界面，用同样的方法导出当前界面，可以得到附近停车场名字的 resource id 是 com.like.car:id/tv_point_name，如图 3-15 所示。

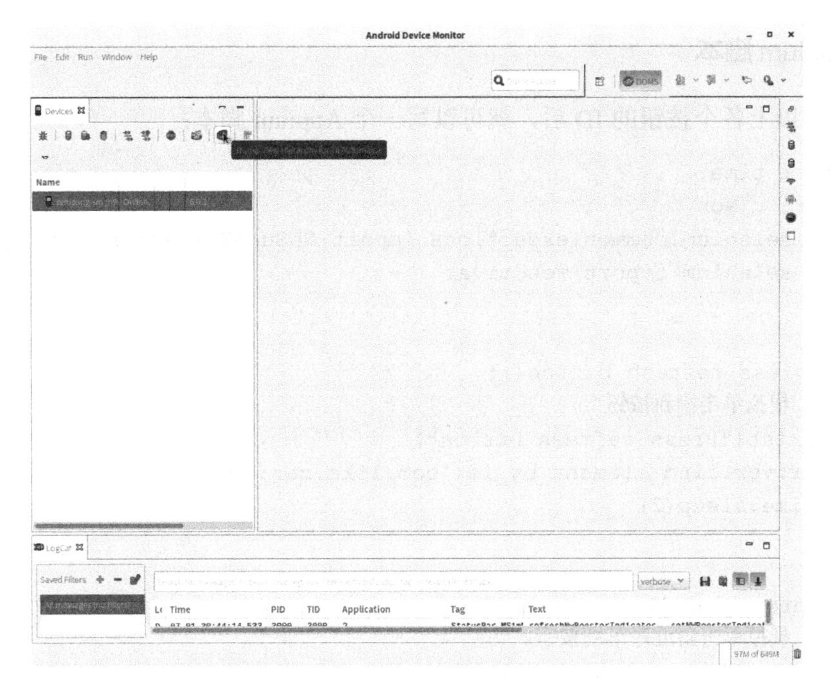

图 3-14　Android Device Monitor 主界面

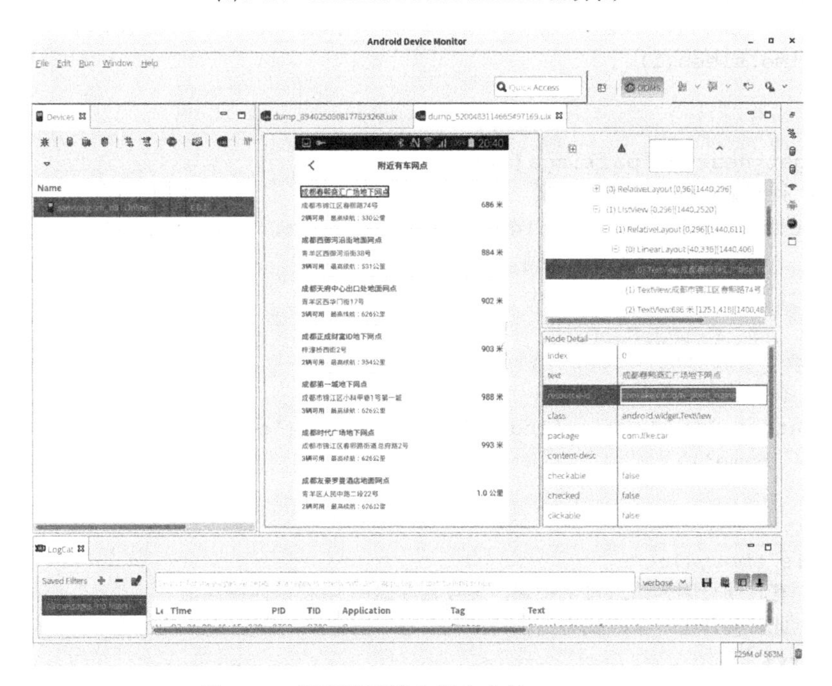

图 3-15　得到附近停车场名字的 resource id

Appium 脚本

得到以上各个按钮的 ID 后，就可以写一个 Appium 脚本：

```
import time
import ujson
from selenium.common.exceptions import NoSuchElementException
from selenium import webdriver


def press_refresh_button():
    # 模拟单击刷新按钮
    print("Press refresh button")
    driver.find_element_by_id('com.like.car:id/ib_loc').click()
    time.sleep(2)


def press_near_by_parkings():
    # 模拟单击附近停车场按钮
    print("Press near by parking button")
    driver.find_element_by_id(
        'com.like.car:id/ib_title_bar_near_point').click()
    time.sleep(1)


def get_near_by_parkings(i):
    # 得到第 i 个停车场的元素
    return driver.find_elements_by_id('com.like.car:id/
        tv_point_name')[i]


def get_parking_count():
    # 得到停车场的数量
    return len(driver.find_elements_by_id('com.like.car:id/tv_point_
        name'))


def is_empty():
    # 有时候会因为请求过于频繁，导致百度地图 SDK 返回错误值
    # 此时会弹出一个“找不到任何车辆信息”的窗口，需要做放错处理
    try:
        driver.find_element_by_id('com.like.car:id/tv_empty_text')
```

```
    except NoSuchElementException:
        return False
    return True


def is_crawled(i):
    # 判断是否已经抓取过，以节约时间
    parking_name = get_near_by_parkings(i).text
    return parking_name in crawled


def move_to_pos(lng, lat):
    # 将经纬度信息存入 pos.json 中，然后按刷新按钮
    # mitmdump 会将百度地图 SDK 返回值修改成我们需要的经纬度信息
    print("Moving to position", lng, lat)
    with open("./out/pos.json", "wt") as f:
        f.write(ujson.dumps({"x": lng, "y": lat}))
    press_refresh_button()


desired_caps = {
    'platformName': "Android",
    'platformVersion': "6.0.1",  # 根据手机版本进行修改
    'deviceName': "Android"
    'Vdid': "616fceb9",  # 根据 adb devices 的值进行修改
    'appPackage': "com.like.car",
    'appActivity': "com.like.car.ui.activity.SplashActivity",
    'automationName': "appium",
    'fullReset': False,
    'noReset': True,
    'newCommandTimeout': 6000,
    'dontStopAppOnReset': True
}


# 连接手机
print("Connecting to phone")
driver = webdriver.Remote('http://127.0.0.1:4723/wd/hub',
                          desired_caps)

print("Waiting app startup")
# 等待启动完成
```

```
time.sleep(5)

# 按一下刷新按钮，这时会请求位置信息
press_refresh_button()
time.sleep(2)

# 加载用 mitmdump 抓取的停车场数据
with open("./out/parkings.json") as f:
    parkings = ujson.loads(f.read())['data']

# 存储已经抓取过的停车场名称
crawled = set()

# 遍历所有有车的停车场
non_empty_parkings = list(filter(lambda p: p['car_cnt'] != 0,
                            parkings))
for parking in non_empty_parkings:
    if parking['name'] in crawled:
        print("Skip crawled")
        continue

    move_to_pos(parking['lng'], parking['lat'])
    print("Get car info")

    try:
        press_near_by_parkings()
        if is_empty():
            print("Empty car list, skip")
            driver.back()
            continue

        # 在附近停车场界面按顺序抓取没有抓取过的停车场
        for i in range(0, get_parking_count()):
            if is_crawled(i):
                print("Skip crawled")
                continue

            elem = get_near_by_parkings(i)
            name = elem.text
            elem.click()
            crawled.add(name)  # 记录已经抓取过的停车场名称
            print(name, len(crawled), len(non_empty_parkings))
            press_near_by_parkings()
```

```
        driver.back()
    except Exception as ex:
        # 进行容错处理，当出现问题时尝试单击后退键，可以解决大部分异常问题
        print(ex)
        print("Try again")
        driver.back()
```

运行步骤：

①在脚本运行目录中创建 out 文件夹。

②在手机上运行 Postern 进行代理转发。

③在三个独立的控制台中运行以下三个命令。

- 启动 mitmdump 进行抓包和修改：

  mitmdump --ssl-insecure -p 8888 -s dump-info.py

- 启动 Appium：

  appium

- 运行 Appium 脚本：

  python3 appium-script.py

成功运行后可以发现，手机上当前位置点在不停地变化，在 out 文件夹中会生成以停车场 id 为编号的 JSON 文件。

3.6 导入数据到数据库

收集一段时间的数据后，就可以将数据导入数据库中进行查询和处理了。与共享单车的方案类似，我们将数据导入 PostgreSQL 内并且按天分表。以某 APP 的数据为例，导入代码如下：

```
import concurrent.futures
import glob
import gzip
```

```
import ujson
import datetime

import os
import psycopg2


def connect():
    return psycopg2.connect(database='gofun', user='derekhe',
                           password='', host='localhost', port='5432')


def get_table_name(file):
    # 从文件名中解析出日期
    return datetime.datetime.strptime(os.path.basename(file)[0:-8] +
        "+0800", "%Y%m%d-%H%M%S%z").strftime(
        "sharecar_%Y%m%d")


def create_table(file):
    # 创建分表
    with connect() as cnx:
        with cnx.cursor() as cursor:
            cursor.execute('''create table if not EXISTS %s
            (
                plate_num text not null,
                position point not null,
                battery smallint not null,
                brand text not null,
                series text not null,
                year text not null,
                name text not null,
                seats smallint not null,
                parking_name text not null,
                enmileage_integer integer not null,
                is_charging boolean not null,
                time timestamp with time zone not null
            )''' % get_table_name(file))


def import_file(file):
    try:
```

```
        with connect() as cnx:
            with gzip.open(file, 'rt') as f:
                print(file)

                crawl_date = datetime.datetime.strptime(
                    os.path.basename(file)[0:-8] + "+0800",
                    "%Y%m%d-%H%M%S%z")
                text = f.read()
                parkings = ujson.loads(text)

                table_name = get_table_name(file)

                with cnx.cursor() as cursor:
                    for id in parkings.keys():
                        c = parkings[id]
                        cursor.execute(
                            'INSERT INTO ' + table_name +
                            ' (plate_num, position, battery, brand, series,
                               year, name, seats, parking_name, enmileage_
                               integer, is_charging, time) '
                            'VALUES (%s, POINT(%s, %s), %s, %s, %s, %s,
                            %s, %s, %s, %s, %s, to_timestamp(%s))',
                            (
                                c['plateNum'], c['lon'], c['lat'],
                                c['battery'], c['brand'], c['series'],
                                c['year'],c['name'], c['seats'][0],
                                c['parkingName'], c['enmileageInteger'],
                                True if c['isCharging'] == 1 else False,
                                crawl_date.timestamp()))
    except Exception as ex:
        print(ex)


executor = concurrent.futures.ProcessPoolExecutor()

# 请修改路径
for file in sorted(glob.glob("/media/derekhe/storage/data/gofun/
gofun/gofun-v3/*/**.json.gz")):
    create_table(file)
    executor.submit(import_file, file)

executor.shutdown()
```

3.7 基本数据分析及可视化

1. 车辆信息

对于提供共享汽车服务的企业来讲，车辆信息是比较简单的基本信息，获取这些信息也相对简单，只需抓取一天的数据即可得到：

```
%matplotlib inline

import psycopg2
import pandas as pd
import matplotlib.pyplot as plt
import seaborn as sns
sns.set_style("white")
# 放大字体，易于阅读
sns.set(font="WenQuanYi Micro Hei", font_scale=1.5)
plt.style.use('fivethirtyeight')

def connect():
    return psycopg2.connect(
        database='gofun',
        user='derekhe',
        password='',
        host='localhost',
        port='5400')

# 保持一个数据库连接，而不用每次都连接
conn = connect()

# 车牌号所对应的省级行政区名称缩写
all_plates = [
    "京", "津", "沪", "渝", "冀", "豫", "云", "辽", "黑", "湘", "皖", "
鲁", "新", "苏", "浙", "赣", "鄂", "桂", "甘", "晋", "蒙", "陕", "吉", "闽",
"贵", "粤", "川", "青", "藏", "琼", "宁",
]

# 获取数据库中所有的表
def get_all_tables():
    with connect() as cnx:
        with cnx.cursor() as cursor:
            cursor.execute(
```

```
                "SELECT tablename FROM pg_catalog.pg_tables WHERE
tablename LIKE 'sharecar_%'")
            return [x[0] for x in cursor.fetchall()]

    all_tables = get_all_tables()
```

在抓取的数据中，我们可以分析出车辆的类型、品牌、座位数、购车年代的分布情况，可以从整体上把握共享汽车厂商的投资方向。得到这几个数据的方法比较类似，以车型为例，首先，通过以下 SQL 语句从最后一天的数据中去掉重复的结果并放到临时表 t 中：

```
SELECT
    plate_num,
    series
FROM sharecar_20180115
GROUP BY plate_num, series
```

然后，统计临时表 t 中的数据并输出结果。

车型数据分布情况如图 3-16 所示。

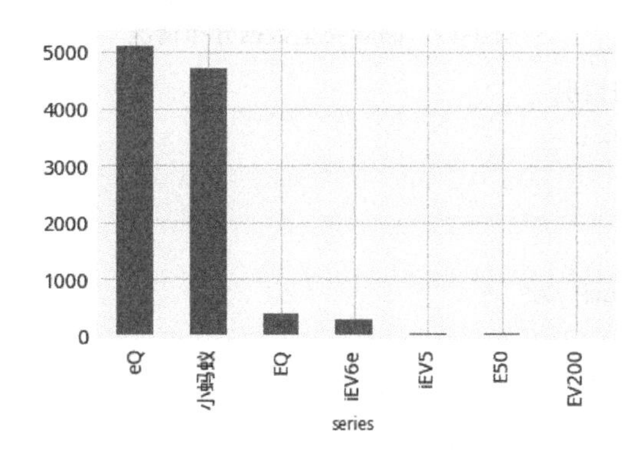

图 3-16　车型数据分布情况

```
# 车型数据分布情况
df = pd.read_sql("""
SELECT
  t.series,
  count(plate_num) AS count
FROM (SELECT
        plate_num,
        series
```

```
        FROM sharecar_20180115
        GROUP BY plate_num, series) AS t
    GROUP BY series
    ORDER BY count DESC;
    """, conn)
    df.plot.bar(x='series', legend=False)
    df.to_json("./analysis/car_types.json", force_ascii=False,
orient='records')
```

品牌类型数据分布情况如图 3-17 所示。

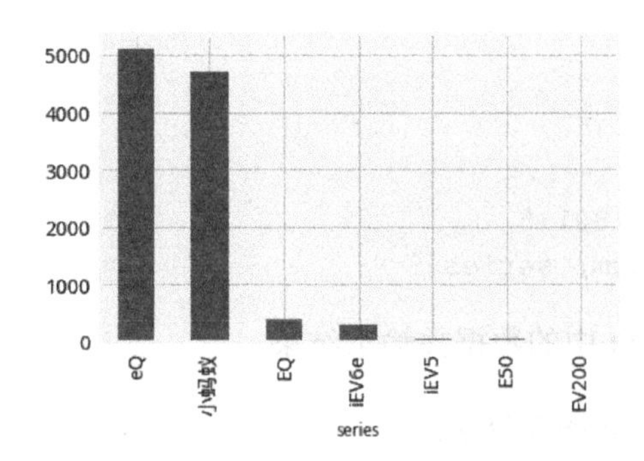

图 3-17　品牌类型数据分布情况

```
    # 品牌类型数据分布情况
    df = pd.read_sql(
    """
    SELECT
      t.brand,
      count(plate_num) AS c
    FROM (SELECT
            plate_num,
            brand
          FROM sharecar_20180115
          GROUP BY plate_num, brand) AS t
    GROUP BY brand
    ORDER BY c DESC
    """,conn)
    df.plot.bar(x='brand', legend=False)
    df.to_json("./analysis/brands.json", force_ascii=False,
orient='records')
```

座位数数据分布情况如图 3-18 所示。

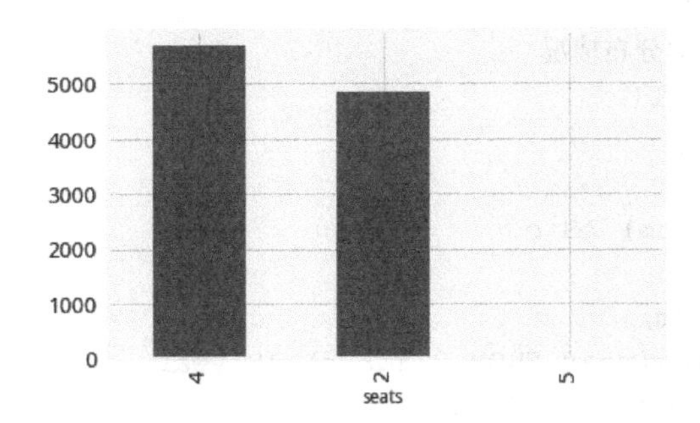

图 3-18　座位数数据分布情况

```
# 座位数数据分布情况
df = pd.read_sql(
"""SELECT
  t.seats,
  count(plate_num) AS c
FROM (SELECT
        plate_num,
        seats
      FROM sharecar_20180115
      GROUP BY plate_num, seats) AS t
GROUP BY seats
ORDER BY c DESC
""",conn)
df.plot.bar(x='seats', legend=False)
df.to_json("./analysis/seats.json", force_ascii=False,
orient='records')
```

车辆购置时间数据分布情况如图 3-19 所示。

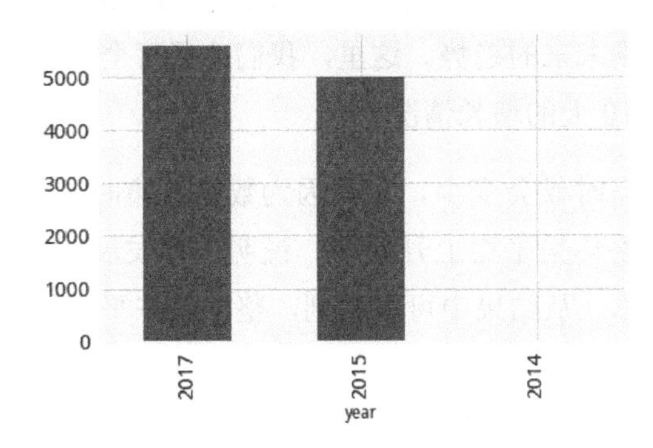

图 3-19　车辆购置时间数据分布情况

```
# 车辆购置时间数据分布情况
df = pd.read_sql(
"""SELECT
  t.year,
  count(plate_num) AS c
FROM (SELECT
        plate_num,
        substring(year FROM 0 FOR 5) AS year
      FROM sharecar_20180115
      GROUP BY plate_num, year) AS t
GROUP BY year
ORDER BY c DESC""",conn)
df.plot.bar(x='year', legend=False)
df.to_json("./analysis/year.json", force_ascii=False,
orient='records')
```

从上面几幅图可以知道，绝大多数车型都是奇瑞的车。两座和四座的车占主流，这种车车身小巧，一方面比较节能，另一方面比较容易操作。

通过对最后一天出现的独立的牌照号码的计算，可以得出车辆总数。

```
# 车辆总数
df = pd.read_sql("select distinct(plate_num) from sharecar_20180115;",
     conn)
len(df)
10593
```

（1）车辆数量增长情况

通过车辆数量的增长情况可以看出该企业运营的健康程度，即业务量是否在持续增长中，还可以预测未来的趋势。这里，我们选择每个月有数字 2 的那几天作为节点，看看每隔大约 10 天的增长情况。

注意，车辆数量有时候会变少，这是因为数据采集时只能采集到未被使用的汽车，所以会少一些。整体呈平稳上升趋势，说明目前发展状况稳定。另外，可以结合多天的数据进行计算，从结果中可以看到，整体是在平稳增长的。

```
# 车辆数量增长情况
from datetime import datetime
parks = []
dates = []
for table in all_tables:
```

```
        # 每个月有 2 的那几天作为节点
        if table[-1] == '2':
            df = pd.read_sql(
                "select count(distinct(plate_num)) from " + table, conn)

            # 解析出停车场和日期
            parks.append(df['count'].values[0])
            dates.append(datetime.strptime(table[9:], "%Y%m%d"))

    # 生成以日期和对应车的数量的 DataFrame
    df = pd.DataFrame(parks, columns=['car_count'])
    df['date'] = dates
    df.set_index('date', inplace=True)

    df.to_json("./analysis/car_increase.json", force_ascii=False,
            orient='records')
    df.plot(ylim=(0, 12000))
```

车辆数量增长情况如图 3-20 所示。

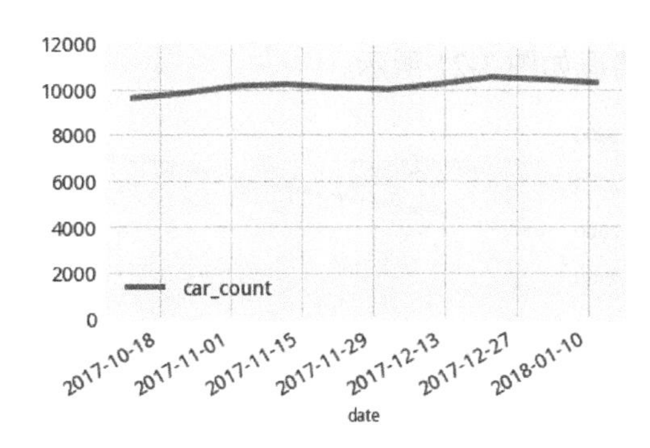

图 3-20　车辆数量增长情况

（2）停车场数量

由于有些共享汽车必须在指定地点出租并归还，因此停车场的数量会直接影响到用户体验。随着车的数量的增长，停车场的数量也应该有相应的增长。与车辆数量计算类似，得到 parking_name 停车场数量并去重后可得到停车场的准确数量。从图 3-21 中也可以看出停车场的数量增长较为平稳。

```
    # 停车场数量
    df = pd.read_sql("select distinct(parking_name) from
sharecar_20180115;", conn)
```

```
len(df)
2765
# 停车场数量增长情况
parks = []
dates = []

for table in all_tables:
    if table[-1] == '2':
        df = pd.read_sql(
            "select count(distinct(parking_name)) from " + table, conn)
        parks.append(df['count'].values[0])
        dates.append(datetime.strptime(table[9:], "%Y%m%d"))

df = pd.DataFrame(parks, columns=['parking_count'])
df['date'] = dates
df.set_index('date', inplace=True)
df.to_json("./analysis/parking_increase.json",
        force_ascii=False, orient='records')
df.plot( y='parking_count', ylim=(0, 3000))
```

停车场数量增长情况如图 3-21 所示。

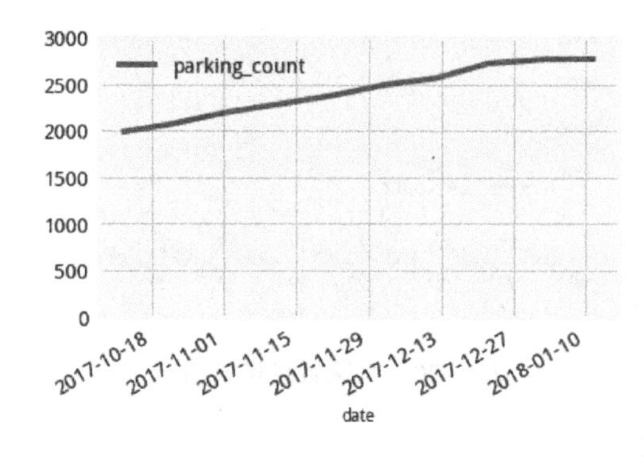

图 3-21　停车场数量增长情况

（3）部分省级行政区内的停车场数量

```
# 部分省级行政区内的停车场数量
def search(prefix):
    df = pd.read_sql(
        "SELECT COUNT(DISTINCT(parking_name)) from sharecar_20180115 wh
            ere plate_num like '%s%%'"
        % prefix, conn)
```

```
            return df['count'][0]


x = []
y = []
for city in all_plates:
    x.append(city)
    y.append(search(city))

plt.bar(x, y)
plt.show()

df_park = pd.DataFrame.from_records(
    list(zip(x, y)), columns=['province', 'count'])
df_park = df_park[df_park['count'] != 0]
df_park.to_json("./analysis/park_distribution.json",
                force_ascii=False, orient='records')
```

部分省级行政区内的停车场数量如图 3-22 所示。

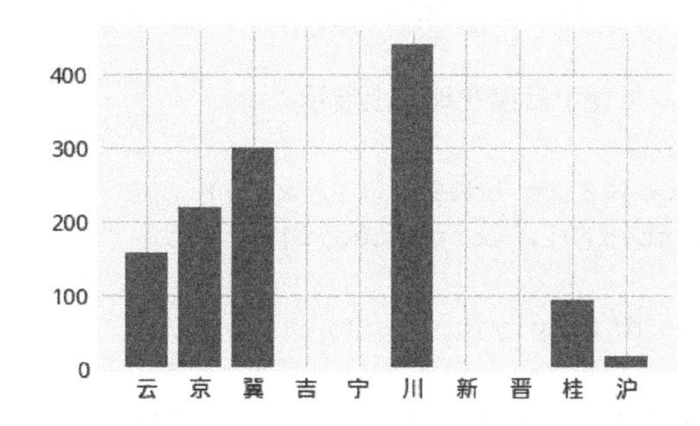

图 3-22 部分省级行政区内的停车场数量

我们将停车场的坐标转换到百度坐标系中，以方便在地图上展示。转换后的数据会输出到 JSON 文件中待后续使用。

```
# 获得并转换所有停车场坐标
import math

x_pi = 3.14159265358979324 * 3000.0 / 180.0
pi = 3.1415926535897932384626  # π
a = 6378245.0  # 长半轴
ee = 0.00669342162296594323  # 偏心率平方
```

```
def gcj02_to_bd09(lng, lat):
    """
    # 火星坐标系(GCJ-02)转百度坐标系(BD-09)
    # 谷歌、高德→百度
    :param lng:火星坐标经度
    :param lat:火星坐标纬度
    """
    z = math.sqrt(lng * lng + lat * lat) + 0.00002 * math.sin(lat * x_pi)
    theta = math.atan2(lat, lng) + 0.000003 * math.cos(lng * x_pi)
    bd_lng = z * math.cos(theta) + 0.0065
    bd_lat = z * math.sin(theta) + 0.006
    return [bd_lng, bd_lat]


# 获得所有停车场的位置。由于同一个停车场的位置的经纬度在不同时刻抓取可能有一些
# 微小的偏差，所以以停车场名称为标准进行去重处理
df = pd.read_sql(
    "SELECT position[0] as lat, position[1] as lon, parking_name from
     sharecar_20180115", conn)
df = df.drop_duplicates(subset=['parking_name'])

# 转换到百度坐标系，以便于后续在地图上展示
def convert(x):
    converted = gcj02_to_bd09(x[0], x[1])
    return converted[0], converted[1]

df['location'] = df.apply(convert, axis=1)

df.to_json("./analysis/park_locations.json",
          force_ascii=False, orient='records')
```

（4）停车场的日平均容量

将车辆数和停车场数进行简单的相除，即可得到停车场的日平均容量。平均一个停车场目前约有 3 辆车。一个停车场容纳的车越多，用户能够拿到车的概率就越大。如果停车场的数量较少，网点不密集，就会影响用户使用的积极性。

```
# 停车场的日平均容量

df_average_cars_per_park = (df_car.set_index(
    "province") / df_park.set_index("province"))
df_average_cars_per_park['province']
```

```
    = df_average_cars_per_park.index
df_average_cars_per_park.to_json(
    "./analysis/average_cars_per_park.json", force_ascii=False,
    orient='records')
df_average_cars_per_park.plot.bar(y='count')
```

（5）运营情况分析

数据库中存储的是不同时间车辆所在停车场、电量等信息。下面以一辆车一天的轨迹为例，如表 3-4 所示，可以看到从凌晨到早上 6:55 都停留在“御廷上郡东北门地面停车场（学苑路）”，接下来 11:12，停留在了“环球中心 E2 地面停车场”。由于使用中的车辆我们是获取不到任何信息的，所以可以断定在这段时间车辆是在使用中。然后该车在“环球中心 E2 地面停车场”停到了 12:37，接下来又被使用，最终在 19:59 分，出现在了“长江职业学院路边停车位”。

表 3-4　一辆车一天的轨迹

time	plate_num	position	battery	parking_name
2018-01-15 00:02:40.000000	川 A01×××	(104.0931595,30.5514717)	60	御廷上郡东北门地面停车场（学苑路）
2018-01-15 01:24:30.000000	川 A01×××	(104.0933585,30.5513664)	60	御廷上郡东北门地面停车场（学苑路）
2018-01-15 03:56:05.000000	川 A01×××	(104.093156,30.5514503)	60	御廷上郡东北门地面停车场（学苑路）
2018-01-15 03:05:38.000000	川 A01×××	(104.0935267,30.552023900000002)	60	御廷上郡东北门地面停车场（学苑路）
2018-01-15 04:29:18.000000	川 A01×××	(104.093156,30.5514503)	60	御廷上郡东北门地面停车场（学苑路）
2018-01-15 04:46:42.000000	川 A01×××	(104.093156,30.5514503)	60	御廷上郡东北门地面停车场（学苑路）
2018-01-15 04:59:06.000000	川 A01×××	(104.093314,30.5513932)	60	御廷上郡东北门地面停车场（学苑路）
2018-01-15 06:12:30.000000	川 A01×××	(104.093314,30.5513932)	60	御廷上郡东北门地面停车场（学苑路）
2018-01-15 06:55:57.000000	川 A01×××	(104.0933503,30.5514796)	60	御廷上郡东北门地面停车场（学苑路）
2018-01-15 11:12:39.000000	川 A01×××	(104.0662597,30.5691721)	81	环球中心 E2 地面停车场

续表

time	plate_num	position	battery	parking_name
2018-01-15 12:37:24.000000	川A01×××	(104.0662715,30.569191)	81	环球中心 E2 地面停车场
2018-01-15 19:59:39.000000	川A01×××	(104.1667665,30.6454576)	66	长江职业学院路边停车位*（规范停放）

我们最终想要输出的结果是剔除在同一个地方停留的重复数据，以便后续继续分析。我们将每台车的信息都保存在一个 JSON 文件中，以方便后续的分析以及与 HTML5 页面的集成。另外，数据不仅可以导成 JSON 文件，也可以导成 CSV 文件或者 HDF5 文件等格式进行存储。

time	plate_num	position	battery	parking_name
2018-01-15 00:02:40.000000	川A01J9M	(104.0931595,30.5514717)	60	御廷上郡东北门地面停车场（学苑路）
2018-01-15 06:55:57.000000	川A01J9M	(104.0933503,30.5514796)	60	御廷上郡东北门地面停车场（学苑路）
2018-01-15 11:12:39.000000	川A01J9M	(104.0662597,30.5691721)	81	环球中心 E2 地面停车场
2018-01-15 12:37:24.000000	川A01J9M	(104.0662715,30.569191)	81	环球中心 E2 地面停车场
2018-01-15 19:59:39.000000	川A01J9M	(104.1667665,30.6454576)	66	长江职业学院路边停车位*（规范停放）

```
import concurrent.futures
import os
import psycopg2
import pandas as pd

def dump_car_movement_details(plateNum, all_tables):
    with connect() as conn:
        filename = "./out/" + plateNum + ".json"
        if os.path.exists(filename):
            return

        # 查询所有日期的分表并将结果合成在一起
        sqls = []
        sql = ""
        for t in all_tables:
```

```
            sqls.append("""
                select time, parking_name, position, battery from %s wh
                  ere plate_num = '%s'
                """ % (t, plateNum))
        sql += "UNION ALL".join(sqls)

        # 读取 SQL 语句执行的结果并按照时间排序
        # 时间转换成北京标准时间
        df = pd.read_sql(
            sql, conn,
            index_col='time').sort_index().tz_convert("Asia/Shanghai")

        # 如果 parking_name 与上一行、下一行都是一致的，则认为是重复的，
        # 可以去掉
        df['duplicated'] = df['parking_name'].shift() ==
             df['parking_name'].shift(-1)
        rst = df[df['duplicated'] != True].drop(columns=['duplicated'])

        rst.to_json(filename, force_ascii=False,
                    date_format='iso', orient='index')
        print(plateNum)

    # 使用多进程进行处理，加速处理过程。需要注意的是，如果数据库存放在机械硬盘中，
    # 那么多进程操作可能会因为磁盘 I/O 效率低下而没有作用，甚至速度减慢。
    # 所以建议将数据库放在 SSD 硬盘上以加速检索。
    # 这里使用多进程进行加速的主要原因是，DataFrame 的计算主要是 CPU 密集型操作，
    # 由于 Python 全局锁的缘故，无法实现真正的多线程
    executor = concurrent.futures.ProcessPoolExecutor()
    df = pd.read_sql("select distinct(plate_num) from sharecar_20180115;",
conn)
    for p in df['plate_num'].values:
        executor.submit(dump_car_movement_details, p, all_tables)
    executor.shutdown()
```

将每辆车的信息存储到 JSON 文件后，后续即可直接读取这些 JSON 文件，也可以用纯文本编辑器查看值。

（6）使用频率

对于共享经济而言，共享的次数越频繁，产生的价值越大。基于上述导出的数据，我们可以检测车辆移动过多少次，由此推算出共享频率数据。我们将共享频率数据按照牌照号码、移动的次数存储在 usage 这个 dict 中，以便后续使用：

```
# 获得一辆车对应的使用次数
import glob
import os.path

usage = {}
for file in glob.glob("./out/*.json"):
    key = os.path.basename(file).replace(".json", "")
    df = pd.read_json(file, orient='index')
    if len(df) == 0:
        usage[key] = 0
        continue

    # 由于之前导出的数据已经删除中间的重复数据，因此通过检测当前行和下一
    # 行的数据可以计算出车辆是否在使用中
    # 当值一样时，说明车辆没有被使用；当值不一样时，说明从 A 地移动到了 B 地
    df['is_parking'] = df['parking_name'].shift() ==
df['parking_name']
    rst = df[df['is_parking'] != True].drop(columns=['is_parking'])
    usage[key] = len(rst)
```

图 3-23 是车辆使用次数的直方图。横坐标是使用的次数，纵坐标是次数对应的车的数量。近似一个正态分布曲线，大约 70%的车都在 24 到 72 之间，平均每辆车每天被使用 0.3 次到 1 次左右。

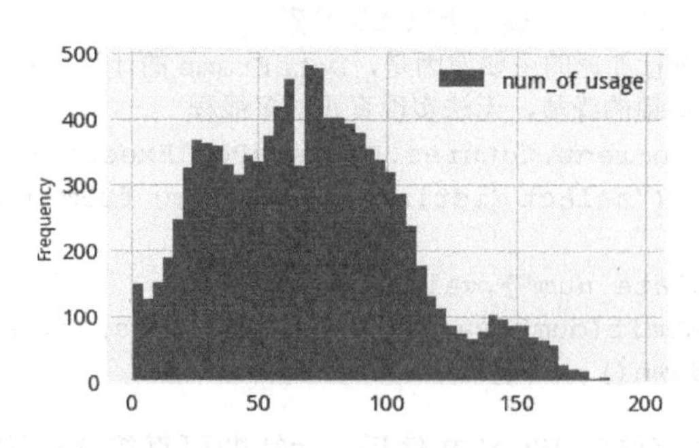

图 3-23 车辆使用次数的直方图

```
# 车辆使用次数的直方图
import numpy as np
df = pd.DataFrame.from_dict(usage, orient='index')
df.columns = ['num_of_usage']
df.plot.hist(bins=50)

pd.Series(np.histogram(df, bins=50)).to_json(
    "./analysis/usage.json", force_ascii=False, orient='records')
```

```
# 输出按照使用次数得到的车辆排序
df.sort_values(by='num_of_usage', inplace=True, ascending=False)
plates = df.index.values
plates
```

输出：

```
    array(['川 A3XXXX', '川 ATXXXX', '川 A6XXXX', ..., '皖 ADXXXX', '粤
A3XXXX', '皖 ADXXXX'], dtype=object)
```

（7）停车时长和使用时长

使用次数只是运营情况的一种体现，如果每次使用时间比较短，停车时间比较长，那么对运营商来说并不是一件好事。下面的代码可以导出每辆车的起始信息，从而可以统计出使用时长和停车时长：

```
# 停车时长和使用时长
df_using = np.array([])
df_park = np.array([])


def calculate_detail(plate_num):
    global df_using
    global df_park

    df = pd.read_json("./out/" + plate_num + ".json", orient='index')
    if len(df) == 0:
        return df

    # pandas 输出时会将时间转换成 UTC，这里将时间转换成本地时间以方便查看
    df = df.tz_localize(
        "UTC").tz_convert("Asia/Shanghai").reset_index()

    # 取时间和停车场名字两列并计算时间差
    df = df[['index', 'parking_name', 'battery']]
    df['time_diff'] = (df['index'].shift(-1) - df['index']).fillna(0)
    df['is_parking'] = df['parking_name'] ==
        df['parking_name'].shift(-1)

    # 将下一行的时间和地点的值往上移动，使得一行中包含起点和终点的信息
    df['start_time'] = df['index']
    df['end_time'] = df['index'].shift(-1)
    df['start_pos'] = df['parking_name']
```

```
    df['end_pos'] = df['parking_name'].shift(-1)
    df['start_battery'] = df['battery']
    df['end_battery'] = df['battery'].shift(-1)

    # 取需要的列并且丢弃掉最后一行
    df = df[['start_time', 'start_pos', 'start_battery', 'end_time',
         'end_pos', 'end_battery', 'is_parking',
            'time_diff']][0:len(df) - 1]

    # 统计使用时长和在停车场的时长
    df_using = np.append(df_using,
                        (df[df['is_parking'] == False]['time_diff'] /
                            pd.Timedelta(hours=0.5)).values)
    df_park = np.append(df_park,
                       (df[df['is_parking'] == True]['time_diff'] /
                          pd.Timedelta(hours=0.5)).values)

    return df


def dump_details(plate_num, filename):
    calculate_detail(plate_num).to_json(filename,
                                        force_ascii=False,
                                        date_format='iso',
                                        orient='records')


for p in plates:
    filename = "./detail/" + p + ".json"
    dump_details(p, filename)
```

（8）停车时长的分布

图 3-24 展示了停车时长的分布。横坐标代表停车的时长（小时），最长统计到 70 小时，纵坐标代表有多少车辆。从图 3-24 可以看出，有 7 万辆左右的车辆停车时间在 0 到 2 小时之间。

```
import matplotlib.pyplot as plt

bins = range(0, 72, 1)
plt.hist(df_using, bins=bins)
plt.show()
```

```
    pd.Series(np.histogram(df_using, bins=bins)).to_json(
        "./analysis/using_hist.json", force_ascii=False,
orient='records')
```

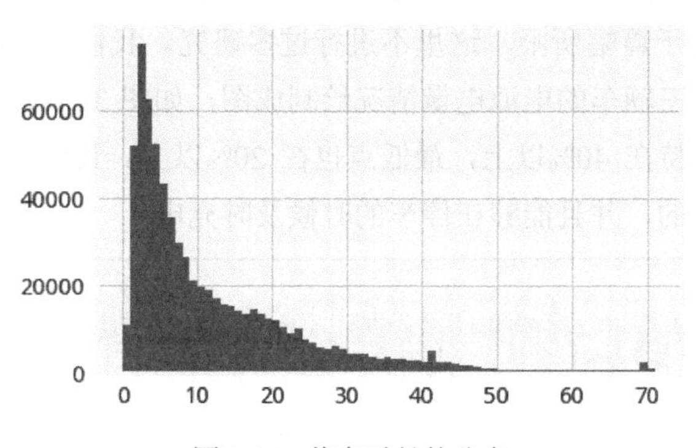

图 3-24　停车时长的分布

（9）车辆使用时长的分布

图 3-25 展示了车辆使用时长的分布。横坐标代表使用的时长（小时），最长统计到 70 小时，纵坐标代表有多少车辆。对比停车时长的分布，使用时长的分布明显集中在 0 到 6 小时之间，这也是共享出行的特点。由于有些运营商有按日包车服务，所以单次长时间的出行费用也是可以接受的。

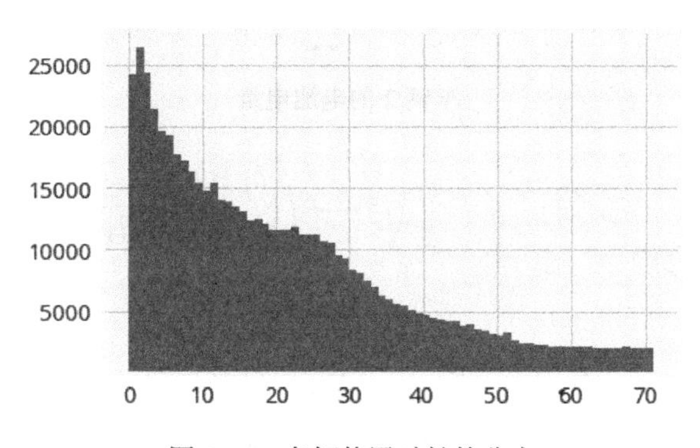

图 3-25　车辆使用时长的分布

```
    plt.hist(df_park, bins=bins)
    plt.show()

    pd.Series(np.histogram(df_park, bins=bins)).to_json(
        "./analysis/parking_hist.json", force_ascii=False,
orient='records')
```

（10）电池电量

对于使用电池的共享汽车而言，电池电量的多少会直接影响出行的距离以及用户的使用感受。由于篇幅所限，这里不进行过多研究。我们按照使用次数的排行，选择三辆车，把这三辆车的电池电量情况绘制成图，如图 3-26 所示。可以看到这几辆车的电量基本维持在 40%以上，最低点也在 20%以上。说明大部分停车场的充电措施还是可以使用的，并且能够在停车的时候及时充电。

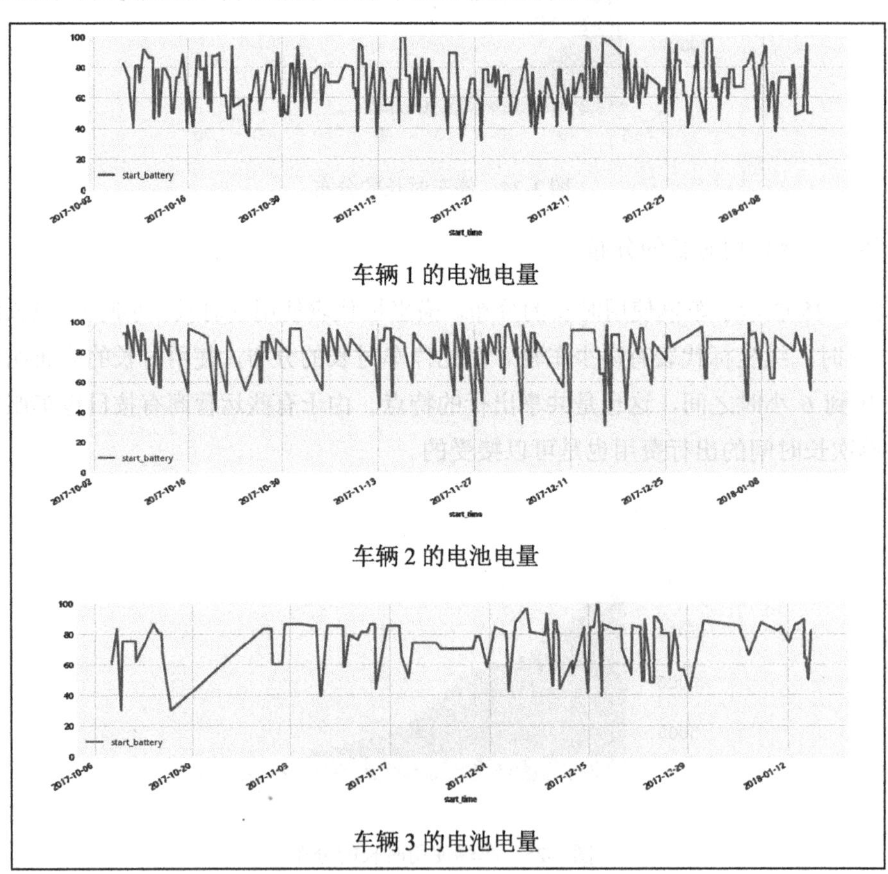

车辆 1 的电池电量

车辆 2 的电池电量

车辆 3 的电池电量

图 3-26　三辆车的电池电量情况

```
# 绘制电池的电量
for i in range(1,9000,3000):
    plate = plates[i]
    df = pd.read_json("./detail/" + plate + ".json", orient='records').
        set_index('start_time')
```

```
df = df.tz_localize("UTC").tz_convert("Asia/Shanghai").reset_index()
figsize =  [20,5]
df.plot(x='start_time', y='start_battery', figsize=figsize, ylim=
   (0, 100))

df.to_json("./analysis/battery_parking_" + plate +
      ".json", force_ascii=False, orient='records')
```

3.8 总结

本章的抓取要稍微复杂一些，涉及通过多个 API 来获取停车场信息，然后从停车场信息入手来获取车辆信息。

在分析 API 方面：

- 有些共享汽车没有使用复杂的反爬虫措施，所以比较容易抓取数据。另外，通过多线程直接抓取数据效率很高。
- 有些共享汽车有签名和数据压缩，但是对签名没有进行参数验证，所以可以使用 mitmdump 得到签名信息后进行快速抓取。
- 有些共享汽车 HTTP 请求无法通过常规手段抓取到，但借助 Postern 可以建立一个虚拟的 VPN，将流量转移到 HTTP 代理中实现数据抓取。

在数据分析方面，共享汽车的维度比共享单车的要多一些，能够挖掘的点也更多。在处理数据时某些操作相当费时，在进行 DataFrame 计算时，可以用多进程（注意不是多线程）进行加速。

第 4 章

网站信息抓取及可视化

4.1 背景及目标

笔者曾经利用业余时间做自由职业，即在 Freelancer 网站上开通了自己的账号。经过一周多的抢单、接单，逐渐产生了一些问题：

- 如何避开低价竞争？
- 接哪些项目会有较高的成功率？
- 什么时候参与竞价成功率比较高？

为了解答这些问题，笔者便对整站的公开数据进行了研究。在不需要登录的情况下可以获得以下信息：

- 最新的项目信息。
- 具体的项目信息。
- 投标者的信息。
- 投标者的具体信息。

当然，网站也提供了 Contests（竞争）等，但对于我们的研究并没有用处。

4.2 网站 API 分析

在 Chrome 中打开网页源代码，发现所有的内容都能够在网页中找到，说明网站输出的是静态页面。静态页面包含 HTML 元素，在解析时不是太容易，而且随着页面改版很容易失效，因而不是最好的选择。我们需要寻找某个 AJAX 请求返回的 JSON 数据进行抓取。

幸运的是，Freelancer 网站为开发者提供了 API 调用的详细文档。

1. 根据 id 访问项目

在项目页面找到“Get Project by ID”一项，查看文档 Required 参数，只有 project_id 一项，如图 4-1 所示。

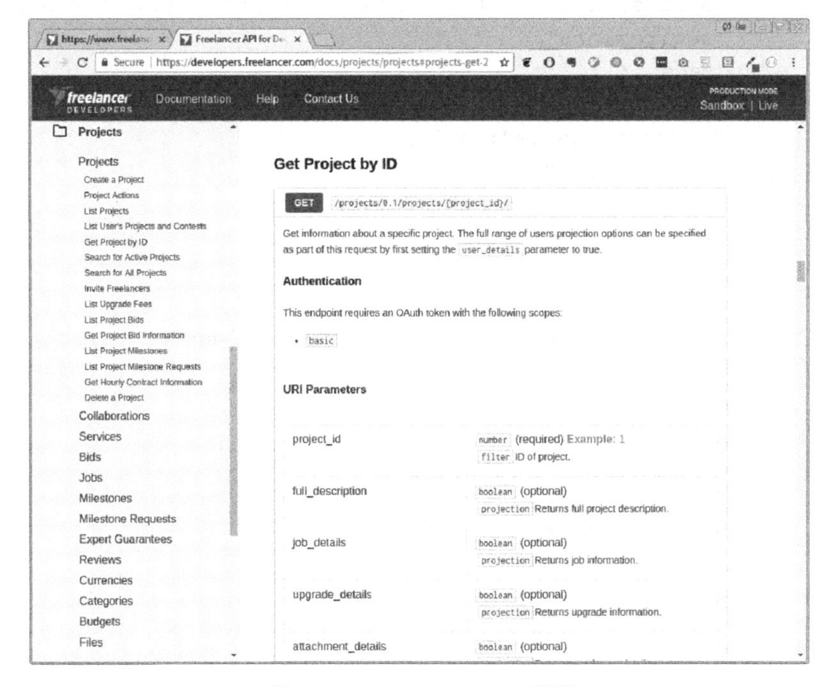

图 4-1　Get Project by ID 界面

我们直接将 project_id 设置为一个数，在浏览器里面直接访问 https://www.freelancer.com/api/projects/0.1/projects/14××××，即可获得项目编号 14××××的项目信息：

```
{
   "status": "success",
   "result": {
      "hidebids": false,
      "files": null,
```

```
        "attachments": null,
        "bidperiod": 7,
        "currency": {
            "code": "USD",
            "name": "US Dollar",
            "country": "US",
        ...
        },
        "featured": false,
        "preview_description": "Need to build links for a health relate
            d site, \r\n\r\nI had seen your offer and here are my
            reqirements",
        "upgrades": {
            "active_prepaid_milestone": null,
            "success_bundle": null,
            "non_compete": false,
            "project_management": false,
        ...
        },
        ...
        "seo_url": "Copywriting-SEO/link-building-for-Gamit",
        "urgent": false,
        "user_distance": null,
        "local": false,
        "time_submitted": 1177549078,
        "budget": {
            "currency_id": null,
            "minimum": 30,
            "maximum": 100,
            "project_type": null,
            "name": null
        },
        "negotiated_bid": null,
        "bid_stats": {
            "bid_count": 5,
            "bid_avg": 83
        },
        "hireme_initial_bid": null,
        "from_user_location": null
    },
    "request_id": "0c12afae79cc2046c5554bf9b80e76d3"
}
```

我们可以看到返回值信息比较多，但很多字段都是 null 值，如果存储这样的信息是比较浪费资源的。重新查看文档后发现，有很多可以返回更多额外信息的选项（具体请参考文档），根据这些选项我们构造出下面这个请求：

```
https://www.freelancer.com/api/projects/0.1/projects/141231/?compact&full_description=true&upgrade_details=true&job_details=true&attachment_details=true&file_details=true&selected_bids=true&qualification_details=true&user_details=true&hireme_details=true&invited_freelancer_details=true&recommended_freelancer_details=true
```

请求后返回了更为丰富的信息，而且去掉了很多值为 null 的字段：


```
{
    "status": "success",
    "result": {
        "hidebids": false,
        "attachments": [],
        "bidperiod": 7,
        ...
        "owner": {
            "status": {
                "email_verified": true
            },
            "username": "Jacky1975",
            "test_user": false,
            "display_name": "Jacky1975",
            "company": "n/a",
        ...
        },
        "frontend_project_status": "complete",
        "id": 141231,
        "active_prepaid_milestone": {},
        "negotiated": false,
        "title": "link building for Gamit",
        ...
        "jobs": [
            {
                "category": {
                    "id": 2,
                    "name": "Writing & Content"
                },
                "local": false,
```

```
                "name": "Copywriting",
                "seo_url": "copywriting",
                "id": 21
            },
            ...
        ],
        "description": "Need to build links for a health related site,
\r\n\r\nI had seen your offer and here are my reqirements.\r\n\r\n- All
links must be permanent one way static html links with the anchor text of
our choosing with no rel=nofollow links in the code....",
        "deleted": false,
        ...
    },
    "request_id": "75aa2f2e2079c627abd0b2eac472e2d6"
}
```

搞清楚上述 URL 的规律后，我们即可根据 project_id 和 user_id 这两项进行抓取。这两项也是数字参数，所以很容易通过遍历的方式获得。

4.3 数据抓取

1. 确立遍历的边界

以 project_id 为例，在网址主页最底部，有两个数值显示当前的用户数和项目数量。这两个值来源于 https://www.freelancer.com/ajax/_general_vars.php 这个 AJAX 请求，我们可以用这个值的 project_count 值作为上限：

```
{
 "currency_sign": "$",
 "currency_code": "USD",
 "user_count": "28961556",
 "project_count": "14209647",
 "onlineusercount": "18459"
}
```

2. 计算资源占用

我们的目标是在一周内完成所有信息的抓取，因而抓取所有的项目信息大约需要 14 209 647÷(7×24×60)=1409 条/分钟以上的平均速度。因为 Freelancer 网站有 API

调用次数限制，必须使用大量的代理来突破调用次数限制，所以完成此项任务相对比较困难。如果不研究整站数据，只是截取部分时间段信息，那么我们可以方便地通过二分法来得到一个时间区间段的数据（因为按从小到大顺序排列），具体请在 id-finder.py 中查看。

在存储方面，我首先做了个实验，将项目编号 1 770 001~1 779 999 的近一万个项目信息抓取下来，大约需要 35MB 的存储空间。如果是整站数据，则大约要占用近 50GB 的空间。如果加上竞价信息、用户信息、用户评价信息等，大约会占用 200GB 以上的空间。如果放到云服务器，则需要考虑磁盘空间的大小是否足够，以及传输到本地的时间消耗。

通常情况下，我们会采用压缩存储的方式，以减少磁盘空间占用和传输时间。使用 zip 压缩后，占用空间一般为原来的 1/3 左右。虽然压缩包方便传输，但也容易损坏，所以我们按照每十万个 ID 存储到一个压缩包的方式进行存储。

3. 爬虫

我们首先写一个多线程并使用代理的爬虫版本，数据存储还是写入 JSON 文件中，后续再考虑压缩。代码中可以通过调整 MAX_WORKER 的值来测试性能是否能达到我们的要求。代码如下：

```
import json
import logging
import math
import os
import time
from concurrent.futures import ThreadPoolExecutor

import requests
import urllib3

from modules.proxyprovider import SequenceProxyProvider

# 屏蔽 requests 的 SSL 告警
urllib3.disable_warnings()
logging.getLogger("requests").setLevel(logging.WARNING)
```

```
class ProjectCrawler:
    def __init__(self):
        self.proxy_provider = SequenceProxyProvider()
        self.stats = {"total": 0, "not_found": 0}  # 统计信息
        self.total = 14209647  # 最大的项目 ID 编号
        self.NAME = "Project"
        self.MAX_WORKERS = 200  # 根据实际情况进行调整

    def get_url(self, id):
        return 'https://www.freelancer.com/api/projects/0.1/
        projects/%s/?compact&full_description=true&upgrade_details=
        true&job_details=true&attachment_details=true&file_details=
        true&selected_bids=true&qualification_details=true&user_details
        =true&hireme_details=true&invited_freelancer_details=
        true&recommended_freelancer_details=true' % id

    def parse_result(self, id, result, stats):
        try:
            j = json.loads(result)
            if j["status"] == "success":
                # 成功后存储返回值及计数
                is_valid = True
                self.save(id, result)
                stats["total"] += 1
            elif j['error_code'] == "RestExceptionCodes.NOT_FOUND":
                # 没有找到
                is_valid = True
                stats['not_found'] += 1
            else:
                # 出错时，打印 result 的值，以便进一步分析问题所在
                print(result)
                is_valid = False
        except:
            # 出错时，打印 result 的值，以便进一步分析问题所在
            print(result)
            is_valid = False

        return is_valid

    def get(self, id, stats):
        retry_count = 0
        while retry_count < 10:
```

```
        proxy = self.proxy_provider.pick()

        try:
            url = self.get_url(id)

            headers = {
                'user-agent': "Mozilla/5.0 (Macintosh; Intel Mac OS
                    X 10_11_5) AppleWebKit/537.36 (KHTML, like Gecko)
                    Chrome/51.0.2704.79 Safari/537.36",
                'accept': "text/html,application/xhtml+xml,application
                    /xml;q=0.9,image/webp,*/*;q=0.8",
                'accept-encoding': "gzip, deflate",
                'accept-language': "en-US,en;q=0.8,zh-CN;q=0.6,zh;
                    q=0.4,ja;q=0.2",
                'cache-control': "no-cache",
            }

            print("Crawling %s" % (id))

            response = requests.request("GET", url, headers=headers,
                                        proxies={"https": proxy.url},
                                        timeout=5, verify=False)

            is_valid = self.parse_result(id, response.text, stats)

            # 计算速度
            elapsed = time.time() - self.start
            print("Total got %s, not found: %s, elasped: %s, speed:
                %s"
                  % (stats["total"], stats["not_found"], elapsed,
                     stats["total"] / elapsed * 60))

            if not is_valid:
                # 如果出错，则认为代理有问题，减分
                proxy.error()
            else:
                proxy.success()
                return
        except:
            print("Retrying", id)
            proxy.error()
```

```
            retry_count += 1

    def start(self):
        self.start = time.time()

        # 由于需要抓取的数据太多，如果所有的项目都提交到 ThreadPoolExecutor 中，
        # 会造成内部队列过大而导致性能问题，
        # 所以这里将大队列分为多个片段依次进行抓取
        segment_length = 100000

        crawled = self.redis.smembers(self.NAME)

        executor = ThreadPoolExecutor(max_workers=self.MAX_WORKERS)
        added_jobs = 0
        for id in range(0, self.total):
            if str(id) in crawled:
                continue

            executor.submit(self.get, id, self.stats)

            added_jobs += 1
            if added_jobs > segment_length:
                added_jobs = 0
                executor.shutdown()
                executor = ThreadPoolExecutor(max_workers=self.
                    MAX_WORKERS)

        print("Done")

    def save(self, id, result):
        # 一个文件夹存储一万个
        subdir = int(id / 10000)
        dirname = "./out/%s/%s" % (self.NAME, subdir)
        os.makedirs(dirname, exist_ok=True)

        filename = "%s/%s-%s.json" % (dirname, self.NAME, id)

        with open(filename, "w", encoding="UTF-8") as data:
            data.write(result)


ProjectCrawler().start()
```

这个爬虫很简单，如果要长期运行，则还缺少存储当前已经抓取的 ID 的功能。我们可以考虑将所有抓取过的 ID 都放到 Redis 缓存中。当爬虫重启时，就能从 Redis 中获取已经抓取过的 ID，然后跳过这些 ID，避免重复抓取：

```
def __init__(self):
    ......
    self.redis = redis.Redis(decode_responses=True) # 初始化 Redis

def start(self):
    ......
    crawled = self.redis.smembers(self.NAME) # 获取上一次抓取的结果
    for idA in range(math.ceil(start / segment_length), math.ceil(s
        elf.total / segment_length)):
        with ThreadPoolExecutor(max_workers=self.MAX_WORKERS) as e:
            for idB in range(1, segment_length):
                id = idA * segment_length + idB
                if str(id) in crawled:
                    # 已经抓取过的就略过
                    continue

                e.submit(self.get, (id, self.stats))

def get(self, id, stats):
    ......
        if not is_valid:
            proxy.error()
        else:
            self.redis.sadd(self.NAME, id)  # 记录抓取结果
            proxy.success()
            break
    except:
        print("Retrying", id)
        proxy.error()
```

这样修改后即可实现“断点续爬”的功能。

由于竞价信息、用户信息、用户评价信息都比较类似，我们可以提取一个 Crawler 的基类，实现代码简化。

4. 数据压缩存储

爬虫会在./out 文件夹中生成一系列的文件夹，每个文件夹又包含若干 JSON 文件。我们需要把每个文件夹打包成一个压缩文件，以供存储。Python 具有处理压缩包的功能，但 Linux 系统和 Mac 系统提供的原生 zip 命令性能更好，功能更丰富。我们使用 zip 命令并选择下述参数：

- -u：更新压缩包，仅添加新的文件。
- -m：删除原始文件。
- -r：遍历文件夹。
- -9：最大化压缩。

以下命令会将./out/145 文件夹压缩成./zip/145.zip，并且删除已经压缩过的文件。如果./out/145 文件夹中有新的文件生成，则会更新到 145.zip 中。

```
zip -umr9 ./zip/145.zip ./out/145
```

根据上述思路我们写出每隔一小时运行一次的脚本：

```
import glob
import os
import time

while True:
    for dir in glob.glob("./out/**/*"):
        zip_file = dir.replace("./out", "./zip") + ".zip"
        zip_dir = os.path.dirname(zip_file)
        os.makedirs(zip_dir, exist_ok=True)
        os.system("zip -umr9 %s %s" % (zip_file, dir))

    print("Wait for another hour")
    time.sleep(60 * 60)
```

在 Linux 服务器上运行时，可以使用 screen 命令，将上述代码设置为后台长期运行：

```
screen python3 compress.py
```

4.4 数据导入

经过几天时间的运行，我们会抓取到相当多的 JSON 数据。探索、处理这些数据最好的方法是放到 NoSQL 数据库中，推荐使用 Elasticsearch，它能够以极快的速度索引并检索数据，结合 Kibana 的图形化功能，完成数据的初步探索。

在导入数据时，为了提高效率，我们从压缩包里面读取 JSON 文件，经过转换后缓存到数组中，积累到一定程度后发送给 Elasticsearch。

为了进一步提升效率，还可以使用多进程的方式，利用多个 CPU 进行数据解压和转换。

这里需要注意数据结构的映射关系。通常，Elasticsearch 能够自动识别数据类型，生成对应的映射关系；但有些时候，这并不是我们想要的功能。

例如，在项目信息中：

- filename、content_type 这两个字段就不用进行分词处理。
- time_submitted 等日期字段会被识别为整型，但这个字段在项目中表示的是时间戳，应该用 epoch_second 来表示。

由于导入的数据结构较为复杂，因此手动编写映射文件不是很现实。我们可以在第一次导入时，先尝试不使用 mapping，导入一定量的数据后再将 Elasticsearch 生成的映射导出来，修改不正确的字段，然后重新导入。具体方法是，先将下面代码中的 body 去掉：

```
esInit.indices.create(index_name, body=json.loads(mapping))
```

改为：

```
esInit.indices.create(index_name)
```

导入一部分数据后，可以在浏览器中访问 Elasticsearch 得到映射。

注意： 请根据实际情况修改 IP 地址，通常为 http://localhost:9200，http://192.168.3.7:9200/project/_mapping/

在自动生成的映射中，有些字段明显是错误的。例如，图 4-2 中的“time_

submitted，”我们需要将其 type 修改为正确的类型。

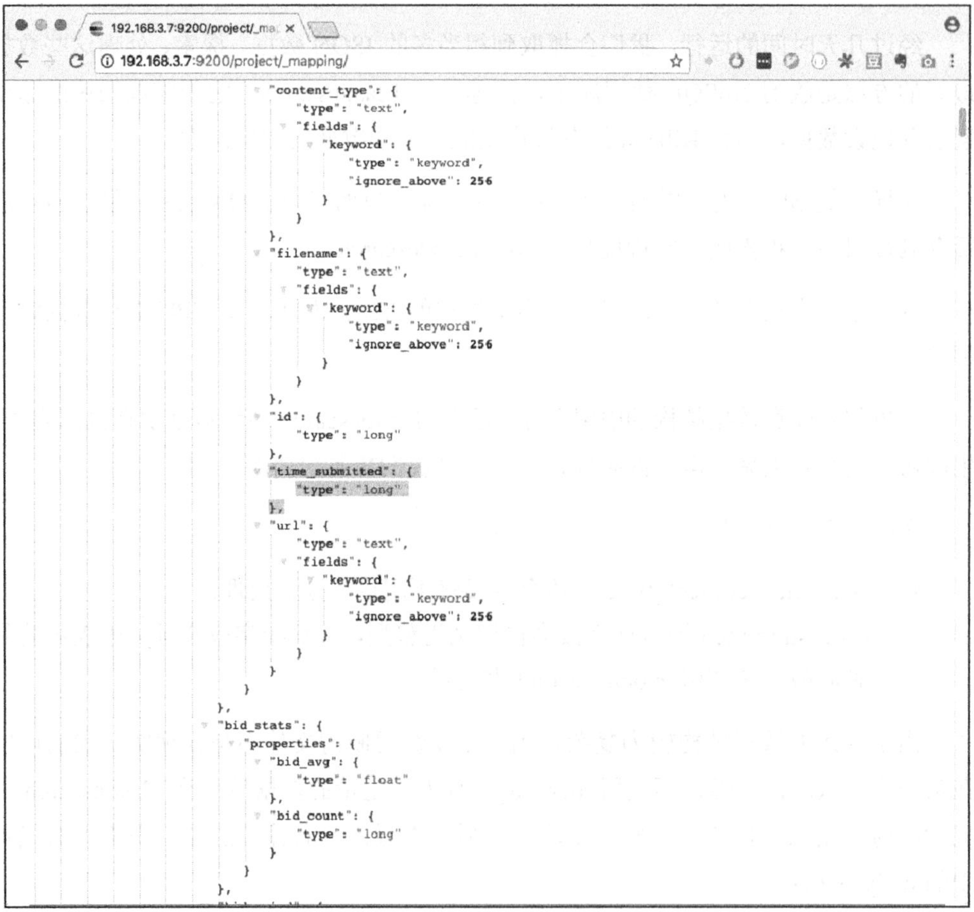

192.168.3.7:9200/project/_ma
192.168.3.7:9200/project/_mapping/

```
"content_type": {
    "type": "text",
    "fields": {
        "keyword": {
            "type": "keyword",
            "ignore_above": 256
        }
    }
},
"filename": {
    "type": "text",
    "fields": {
        "keyword": {
            "type": "keyword",
            "ignore_above": 256
        }
    }
},
"id": {
    "type": "long"
},
"time_submitted": {
    "type": "long"
},
"url": {
    "type": "text",
    "fields": {
        "keyword": {
            "type": "keyword",
            "ignore_above": 256
        }
    }
}
}
},
"bid_stats": {
    "properties": {
        "bid_avg": {
            "type": "float"
        },
        "bid_count": {
            "type": "long"
        }
    }
},
```


图 4-2　查看映射的类型并纠正

有了映射以后，就可以进行批量导入了：

```
import concurrent.futures
import datetime
import glob
import ujson as json
from zipfile import ZipFile

from elasticsearch import Elasticsearch
from elasticsearch import helpers
def read_to_json(file):
```

```
    # 将文件转换成 JSON 对象
    project_json_file = ''.join(
        map(lambda b: b.decode("UTF-8"), file.readlines()))
    return json.loads(project_json_file)


def import_to_db(index_name, zip_file_path, content_parser):
    try:
        es = Elasticsearch()
        print(zip_file_path)

        # 读取 zip 文件
        with ZipFile(zip_file_path) as myzip:
            # 得到 zip 文件中的文件列表
            files_in_zip = myzip.namelist()

            # 缓存文件内容以便后续批量插入
            bulk_cache = []
            for zip_file_name in files_in_zip:
                try:
                    if not ".json" in zip_file_name:
                        continue

                    with myzip.open(zip_file_name) as file_in_zip:
                        # 通过文件名解析 id
                        id = zip_file_name.split(
                            "/")[-1].split("-")[1].replace(".json", "")

                        # 构建插入的内容
                        db_obj = {
                            '_index': index_name,
                            '_type': index_name,
                            '_id': id,
                            index_name: content_parser(file_in_zip, id)
                        }

                        # 将数据先存储到缓存中，然后再发送到 Elasticsearch，
                        # 这样速度会更快
                        bulk_cache.append(db_obj)

                        if len(bulk_cache) == 500:
                            helpers.bulk(es, bulk_cache,
```

```
                                    request_timeout=600)
                        bulk_cache = []
                except Exception as ex:
                    print(zip_file_name, ex)

            helpers.bulk(es, bulk_cache, request_timeout=600)
            print("Imported: " + str(len(files_in_zip)))
    except Exception as ex:
        print(zip_file_path, ex)


def project_bids_parse(file_in_zip, id):
    return read_to_json(file_in_zip)['result']


def user_parser(file_in_zip, id):
    return read_to_json(file_in_zip)['result']['users'][id]


def userreview_parser(file_in_zip, id):
    return read_to_json(file_in_zip)['result']['reviews']


esInit = Elasticsearch(timeout=60, max_retries=100,
retry_on_timeout=True)

# 为不同的数据定义JSON文件中有效的字段及字段mapping关系
tasks = [
    {"name": "Project",
     "content_parser": project_bids_parse,
     "mapping": "project-mapping.json"},
    {"name": "Bids",
     "content_parser": project_bids_parse,
     "mapping": "bids-mapping.json"},
    {"name": "User",
     "content_parser": user_parser,
     "mapping": "user-mapping.json"},
    {"name": "UserReview",
     "content_parser": userreview_parser,
     "mapping": "userreview-mapping.json"}
]
```

```
    # 请修改路径
    base_path = "/media/derekhe/storage/data/freelancer"
    for task in tasks:
        index_name = task['name'].lower()
        try:
            # 删除之前导入的脏数据
            esInit.indices.delete(index_name)
        except:
            pass

        # 读取 mapping 文件
        mapping = ''.join(open(task['mapping'], "r",
encoding="UTF-8").readlines())

        esInit.indices.create(index_name, body=json.loads(mapping))

        # 使用多进程而不是多线程
        executor = concurrent.futures.ProcessPoolExecutor()
        for zip_file in sorted(glob.glob(base_path + '/' + task['name'] +
'/*.zip')):
            executor.submit(import_to_db, index_name,
                            zip_file, task['content_parser'])

        executor.shutdown()
```

4.5 数据分析及可视化

把数据导入 Elasticsearch 后，即在 Kibana 中进行基础分析，然后生成一本在线小书。

1. 设置 Kibana

打开本地的 Kibana，单击左侧的 Management 选项，然后单击 Index Patterns 选项，如图 4-3 所示。

在 Index Pattern 中依次加入 project、bids、user 和 userreview 四个 Index。

以 project 为例，在 Define index pattern 下的 Index pattern 框中输入 project，Kibana 会检测到一个 index 满足要求，然后单击 Next step 按钮，如图 4-4 所示。

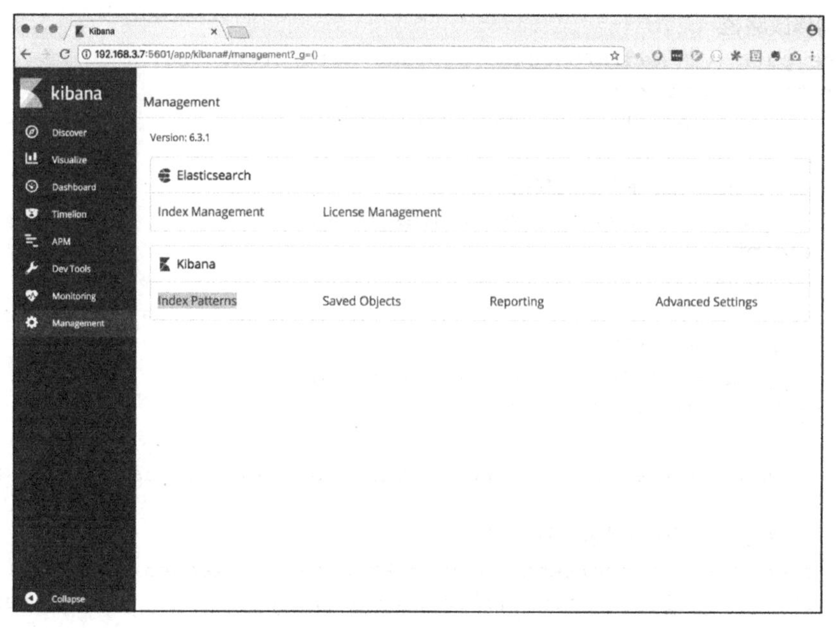

图 4-3　Kibana 主界面

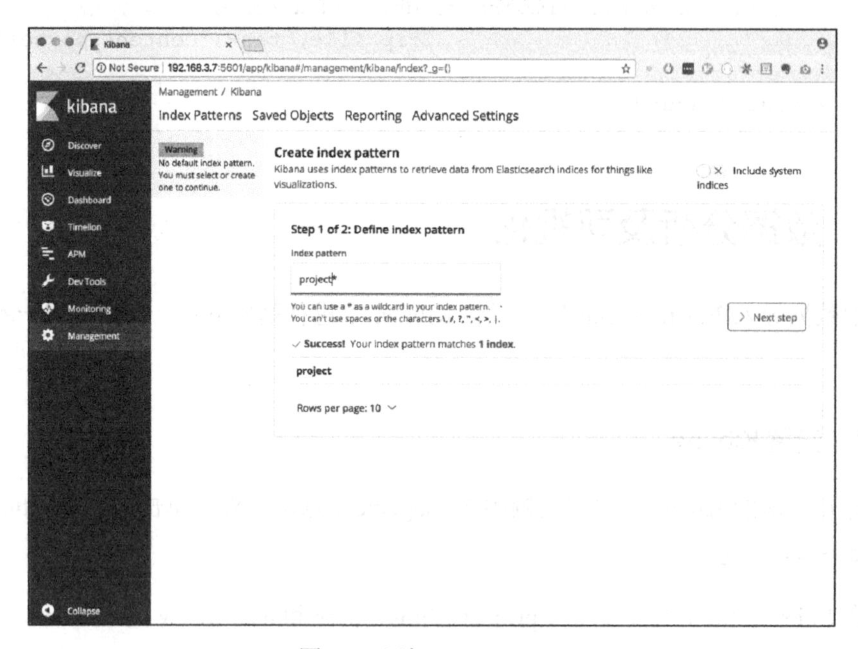

图 4-4　添加 Index Pattern

数据中的 Project.time_submitted 指示的是时间的一个字段，我们将这个字段作为

Time filter 的字段名，这样就可以根据时间进行筛选和分析了，如图 4-5 所示。

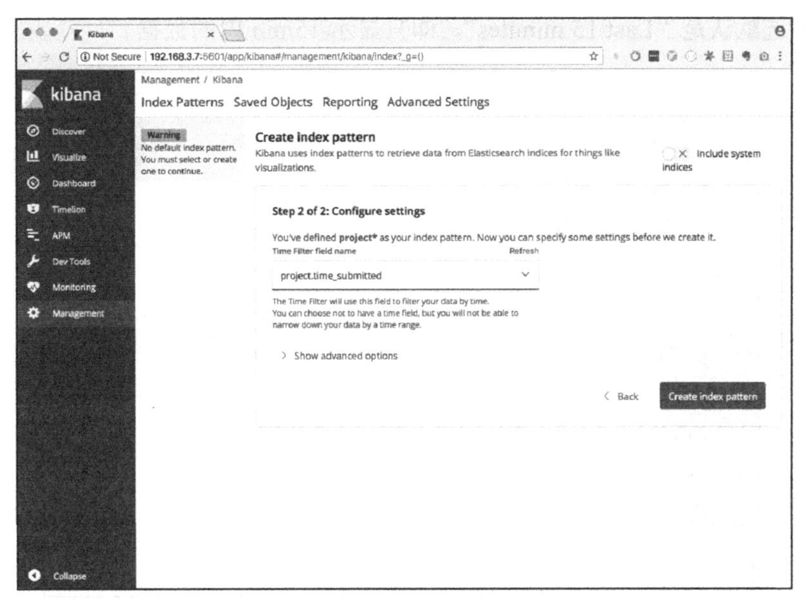

图 4-5　添加 Time Filter 字段

成功添加后，会生成每个字段的映射关系，如图 4-6 所示。

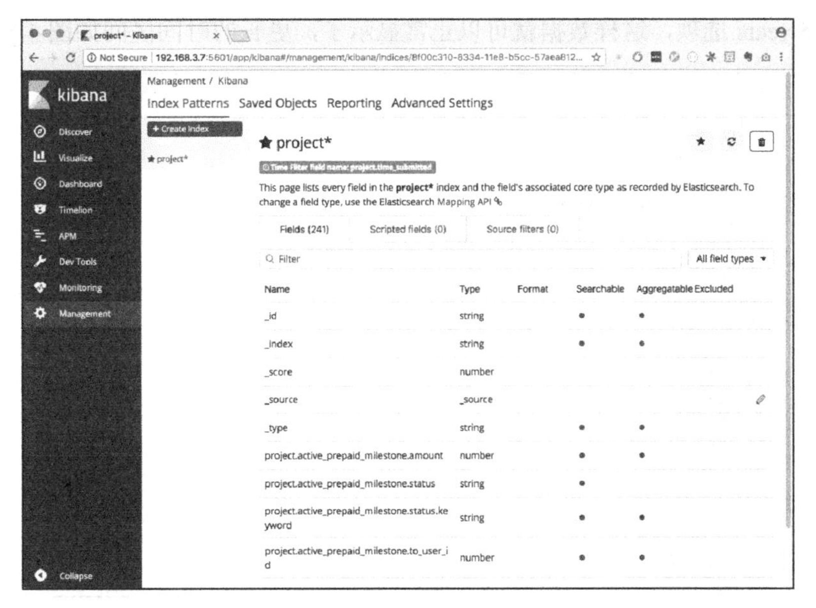

图 4-6　字段映射关系

回到左侧的 Discover 菜单，很可能还看不到结果，如图 4-7 所示。原因是右上角的时间筛选默认是“Last 15 minutes”，即只显示 15min 内的数据。

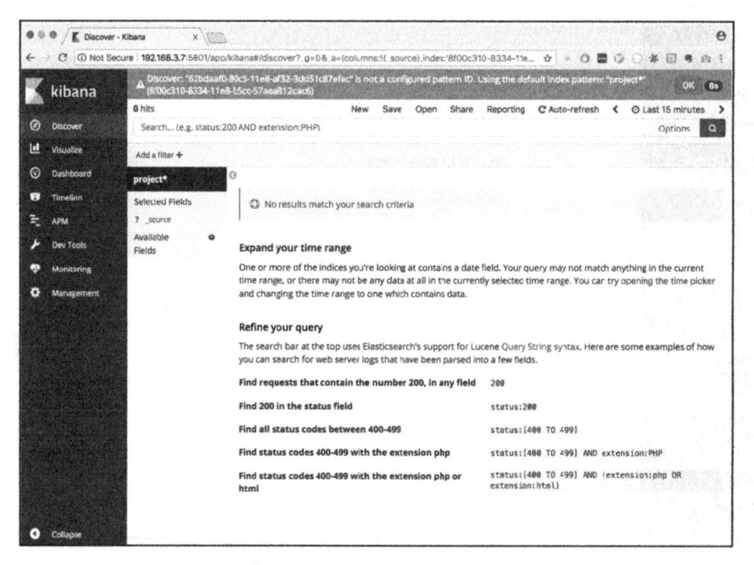

图 4-7　Discover 菜单

由于导入的数据是很久之前的，所以我们可以单击 Last 15 minutes 选项，然后选择 Last 5 years 选项，这样数据就可以正常显示了，更长的时间区间如图 4-8 所示。

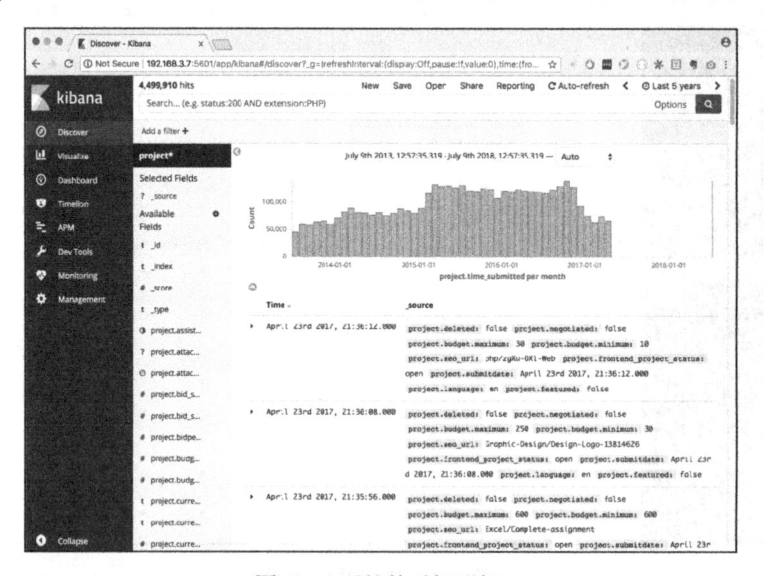

图 4-8　更长的时间区间

2. Kibana 可视化

下面创建一些简单的图表，以便更好地理解这些数据。

（1）项目增长趋势

趋势图可以直观地显示业务的增长情况，趋势图的样式选用直线图即可。在 Kibana 中，单击左侧菜单的 Visualize 选项，再单击 Create a visualization 按钮，即可创建一个新的图表，Kibana 界面如图 4-9 所示。

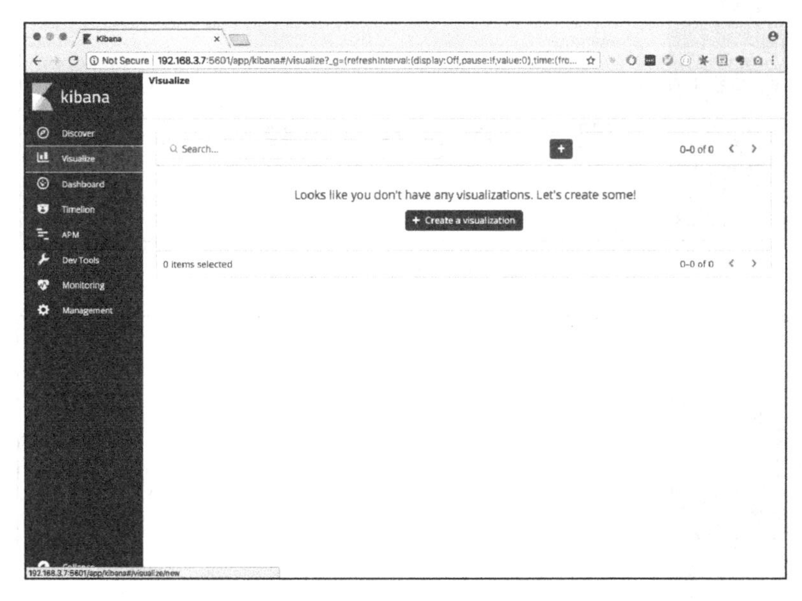

图 4-9　Kibana 界面

单击 Line 图标，如图 4-10 所示。

选择 project*数据库，如图 4-11 所示。

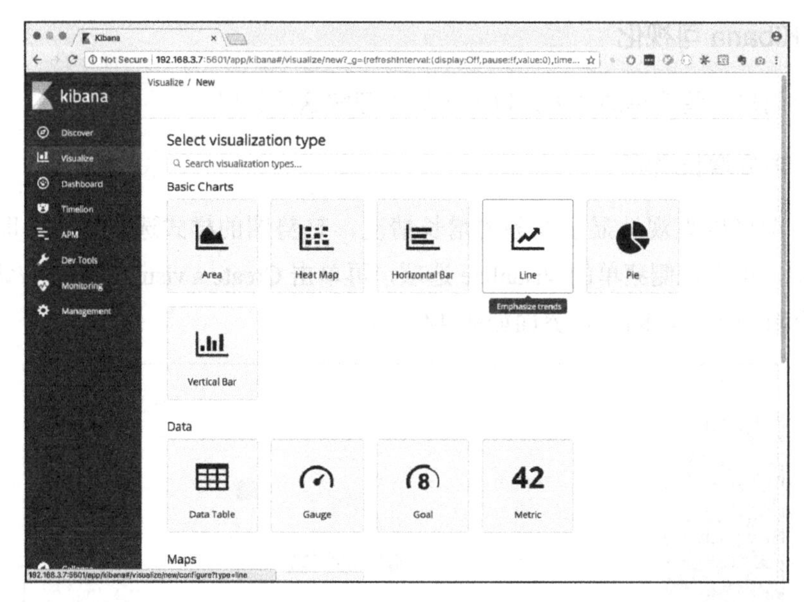

图 4-10　单击 Line 图标

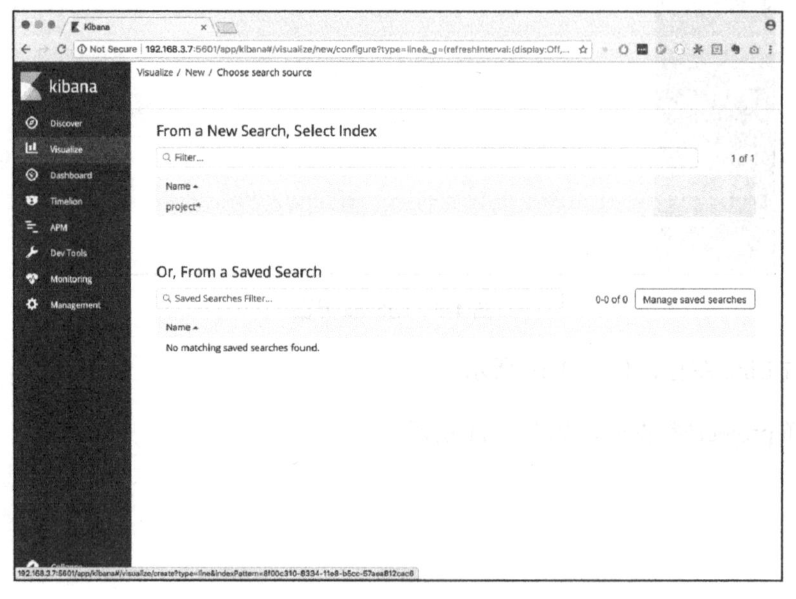

图 4-11　选择 project*数据库

单击 x-Axis→Aggregation→Date Histogram 选项，如图 4-12 所示。

然后单击 Panel Settings 右侧的播放键，这时候会生成图表。该图表表示的是每个月工程的增长数量。调整右上角的时间筛选器，即可生成不同时间段的图表，如图 4-13 所示。

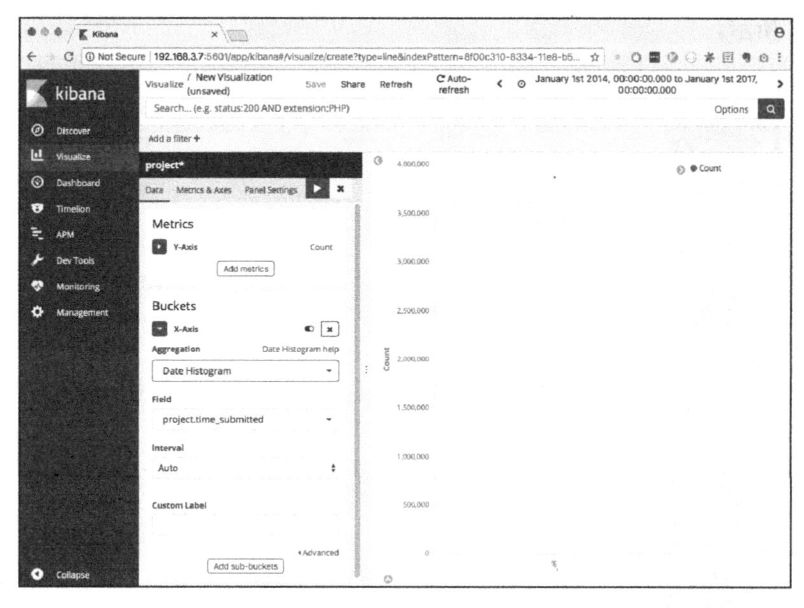

图 4-12　单击 Date Histogram 选项

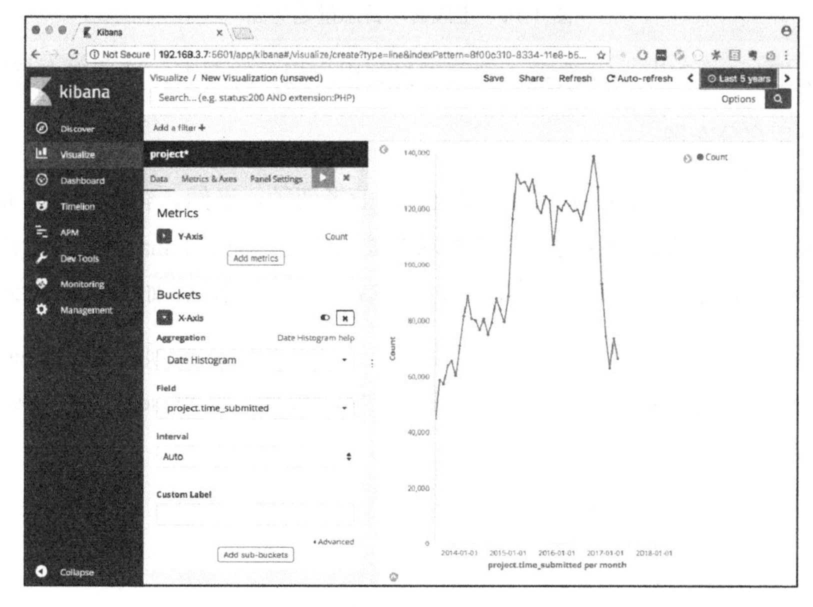

图 4-13　生成不同时间段的图表

如果要查看工程数量总数，可以将 Y-Axis 选为 Cumulative Sum 选项，然后单击播放键。这时生成的图表就是从最早的数据到 2017 年 1 月 1 日的项目总量趋势图，如图 4-14 所示。

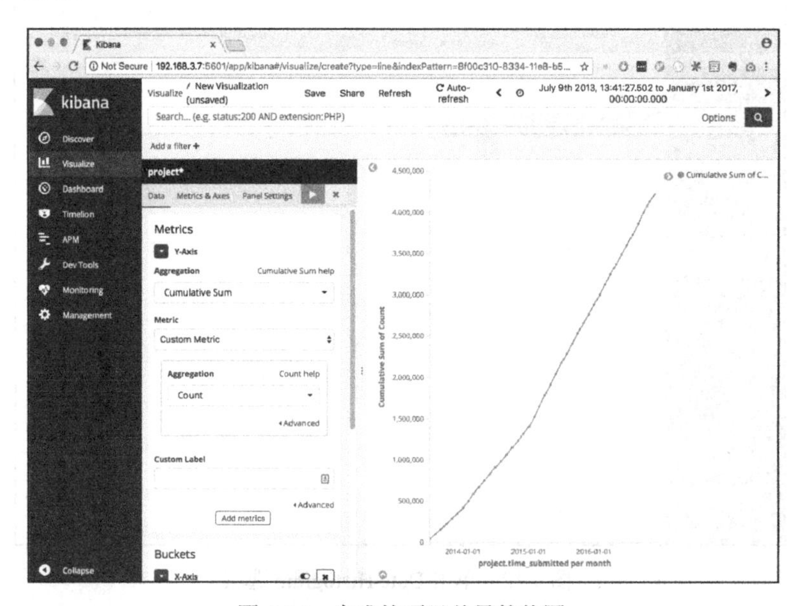

图 4-14　生成的项目总量趋势图

若是把 index 改为 user 选项，则可以得到用户相关的图表，请读者自行练习。

（2）用户分布图

Freelancer 的用户主要分为雇主和自由职业者两种，当然，有的自由职业者同时也是雇主。了解两者的比例可以知道供求的关系状况。在 Kibana 界面，单击左侧的 Visualize 菜单，创建一个新的饼图（Pie），选择 user*数据库，如图 4-15 所示。

创建饼图时需要选择 Buckets 的类型，单击 Split Slices 选项，将 Aggregation 选为 Terms，以便通过字段的关键字进行聚合。字段选择 user.chosen_role.keyword，然后单击播放键即可生成饼图，如图 4-16 所示。

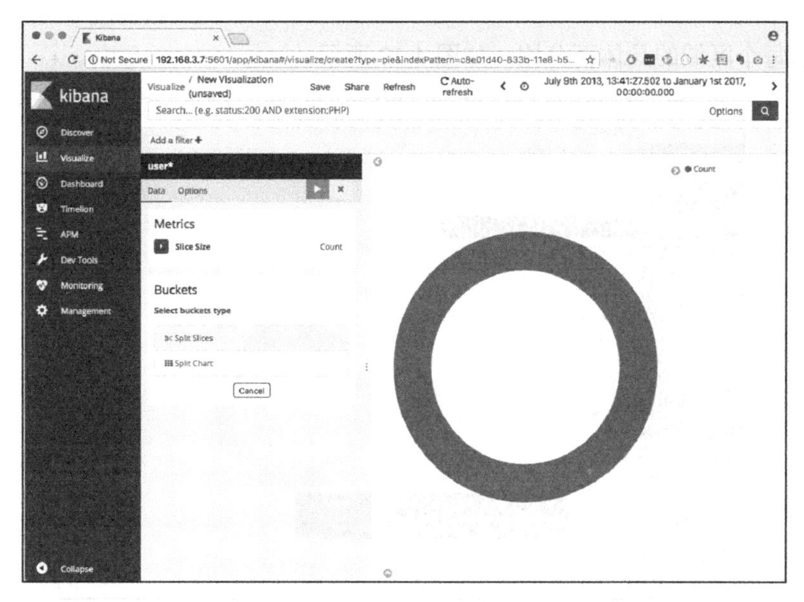

图 4-15　创建饼图

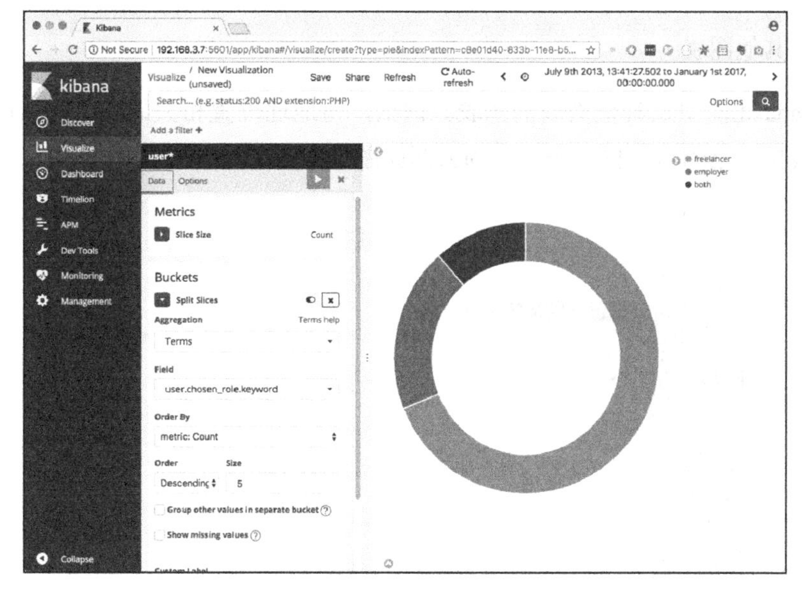

图 4-16　选择字段生成饼图

从图 4-16 上可见，freelancer 占据了多数，而 employer 只占少部分，约 1/5 的选择 both（两者都是）。但这个饼图只能看出大致的数量，通过 Options 选项可以调整图表的一些细节，显示更多的数据。例如，选择 Labels Settings 下的 Show Labels，即可显示每个区域的具体百分比，如图 4-17 所示。

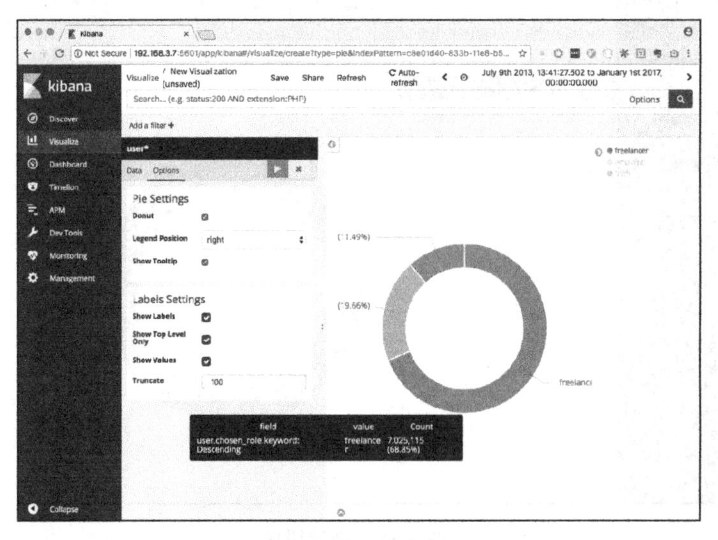

图 4-17　显示百分比的饼图

（3）其他图表

Kibana 还能生成其他类型的图表。例如，与地理位置相关的图、词云图等，读者可以根据自己的需要自行研究。词云图如图 4-18 所示。

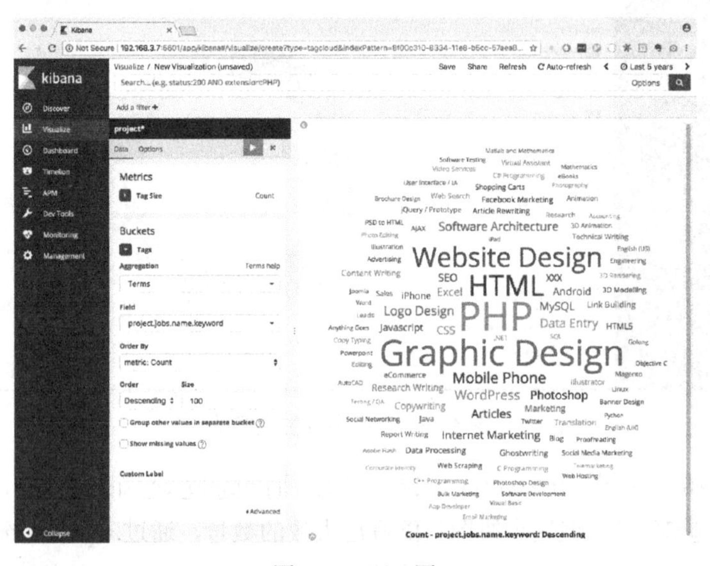

图 4-18　词云图

3. 使用 Pandas 输入更多信息

（1）初始化

Elasticsearch 包有底层的 py-elasticsearch 包和高层的 py-elasticsearch-dsl 包两种。在下面的例子中，我们仅用底层的 py-elasticsearch 包，因为搜索的请求需要自己拼凑，在出现问题时能够更方便地找到出错的原因。Kibana 也提供了 Dev Tools 工具，可以在这里进行实验，将实验好的请求直接用来请求 Elasticsearch 即可：

```
from datetime import datetime
from elasticsearch import Elasticsearch
import pandas as pd
import matplotlib.pyplot as plt
import matplotlib

# 设置基本的显示属性
matplotlib.style.use('ggplot')

matplotlib.rc('xtick', labelsize=12)
matplotlib.rc('ytick', labelsize=12)
matplotlib.rc('figure', figsize=(10, 5))

# 打印最多 20 行
pd.options.display.max_rows = 20

def format(value):
    return '{:0,.2f}'.format(value)

es = Elasticsearch()

BEGIN_DATE = '2000-01-01'
END_DATE = '2017-01-01'
```

（2）项目数量和用户数量

计算项目数量和用户数量非常简单，利用 Elasticsearch 提供的 match_all 搜索，可以快速返回项目数量和用户数量，读取返回值中的 hits.total 字段即可。

从采集的数据来看，项目数量约有 740 万个，用户数量约有 1700 万人。

```
# 计算所有的项目数量
res = es.search(index="project", body={"query": {"match_all": {}}})
```

```
format(res['hits']['total'])
'7,405,296.00'
# 计算所有的用户数量
res = es.search(index="user", body={"query": {"match_all": {}}})
format(res['hits']['total'])
'17,329,285.00'
```

网站中项目数量和用户数量增长情况：

```
# 项目数量增长情况

def get_trend(index, field):
    query = {"size": 0,
             "aggs": {
                 index: {
                     "date_histogram": {
                         "field": field,
                         "interval": "month",
                         "format": "yyyy-MM-dd"
                     }
                 }
             }
             }

    res = es.search(index=index, body=query)
    df = pd.DataFrame.from_dict(res['aggregations'][index]
    ['buckets'])

    # 返回值中会得到按月对应的总数值，其中月份值放在 key_as_string 中，
    # 我们将这一项提取出来
    df['time_submitted'] = pd.to_datetime(df['key_as_string'])
    df = df.drop(['key', 'key_as_string'], 1)
    df.set_index('time_submitted', inplace=True)
    df.columns = ['count']
    df[index + '_cumsum'] = df.cumsum()

    # 筛选时间段
    df = df[(df.index > BEGIN_DATE) & (df.index < END_DATE)]
    return df


df = get_trend("project", "project.time_submitted")
df.plot(y='project_cumsum', title="project", legend=False)
```

```
plt.show()
project_df = df['project_cumsum']
```

项目数量增长情况如图 4-19 所示。

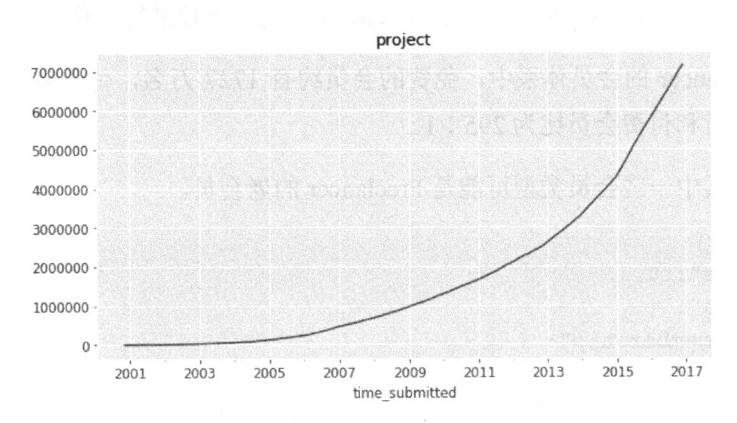

图 4-19　项目数量增长情况

```
# 用户数量增长情况
df = get_trend("user", "user.registration_date")
user_df = df['user_cumsum']
df.plot(y='user_cumsum', title="user", legend=False)
plt.show()
user_df = df['user_cumsum']
```

用户数量增长情况如图 4-20 所示。

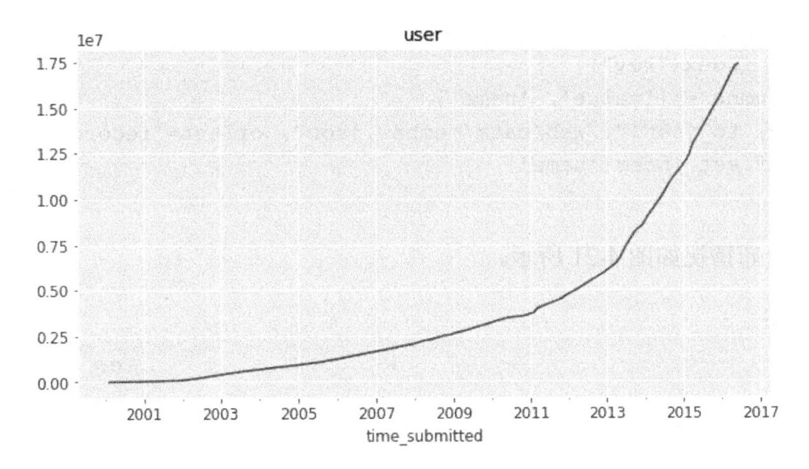

图 4-20　用户数量增长情况

（3）会员分布

Elasticsearch 的聚合方法可以根据提供的字段（field）进行计算。下面的请求中将根据 user.membership_package.name.keyword 出现的次数进行计算。

在 Freelancer 的会员体系中，免费的会员约有 1727 万名，付费会员约有 5.8 万名，免费会员和付费会员比为 295∶1。

注意，其中一些会员类型可能是 Freelancer 的老会员。

```
query = {
    "size": 0,
    "aggs": {
        "membership": {
            "terms": {
                "field": "user.membership_package.name.keyword",
                "size": 20
            }
        }
    }
}

res = es.search(index="user", body=query)

# 将返回值转换成 DataFrame
df =
pd.DataFrame.from_dict(res['aggregations']['membership']['buckets'])
df.set_index("key")
df.columns = ['value', 'name']
df[1:9].to_json("./web/data/member.json", orient='records')
df = df.set_index('name')
df
```

会员分布情况如图 4-21 所示。

name	value
free	17270758
intro	20891
plus	18228
professional	9799
basic	5064
starter	3305
standard	612
premier	518
premium	109
corporate	1

图 4-21　会员分布情况

DataFrame 的 sum()方法可以很方便地计算总和：

```
# 付费会员总量
df['value'][1:].sum()
58527
# 免费会员/付费会员
df['value'][0].sum() / df['value'][1:].sum()
295.09043689237444
# 1000 个会员中，有多少个免费会员
df['value'][0].sum() / df['value'].sum() * 1000
996.6226535024382
```

（4）计算每月会员收入

我们将网站对会员的收费标准加到上述的 DataFrame 中，然后将 DataFrame 的 value 字段和 fee 字段相乘，即可得到收入的总和。注意，有几个字段由于找不到对应的费用（猜测是以前的老会员类型），所以没有赋值。从数值来看，professional 类型的会员收入最高：

```
# 计算每月会员收入
df.loc['intro', 'fee'] = 0.99
df.loc['free', 'fee'] = 0
df.loc['basic', 'fee'] = 4.95
df.loc['plus', 'fee'] = 9.95
```

```
    df.loc['professional', 'fee'] = 29.95
    df.loc['premier', 'fee'] = 59.95
    income = df['value'] * df['fee']
    income.to_json("./web/data/member-income.json")
    income
    name
    free                0.00
    intro           20682.09
    plus           181368.60
    professional   293480.05
    basic           25066.80
    starter              NaN
    standard             NaN
    premier         31054.10
    premium              NaN
    corporate            NaN
    dtype: float64
    # 合并用户和项目的表，以便后续使用

    project_user_df = pd.concat([user_df, project_df], axis=1)
    project_user_df = project_user_df[(
        project_user_df.index > BEGIN_DATE) & (project_user_df.index <
END_DATE)]
    project_user_df.to_json("./web/data/project-user.json")
```

（5）注册用户分布情况

针对用户所在的国家进行查询，可以得到注册用户的分布情况。下面按照 terms 的数量进行查询：

```
    # 注册用户分布情况

    def get_distribution(index, field, size):
        query = {
            "size": 0,
            "aggs": {
                "agg_result": {
                    "terms": {
                        "field": field,
                        "size": size
                    }
```

```
            }
        }
    }

    res = es.search(index=index, body=query)
    df =
pd.DataFrame.from_dict(res['aggregations']['agg_result']['buckets'])
    df.set_index('key', inplace=True)

    return df

df = get_distribution("user", "user.location.country.name.keyword",
200)
# 取 Top-10 进行展示
df[0:10].plot.bar(y='doc_count', legend=False)
plt.show()
df.to_json("./web/data/user-country.json")
```

注册用户数量按国家统计后，排名前 10 的如图 4-22 所示。

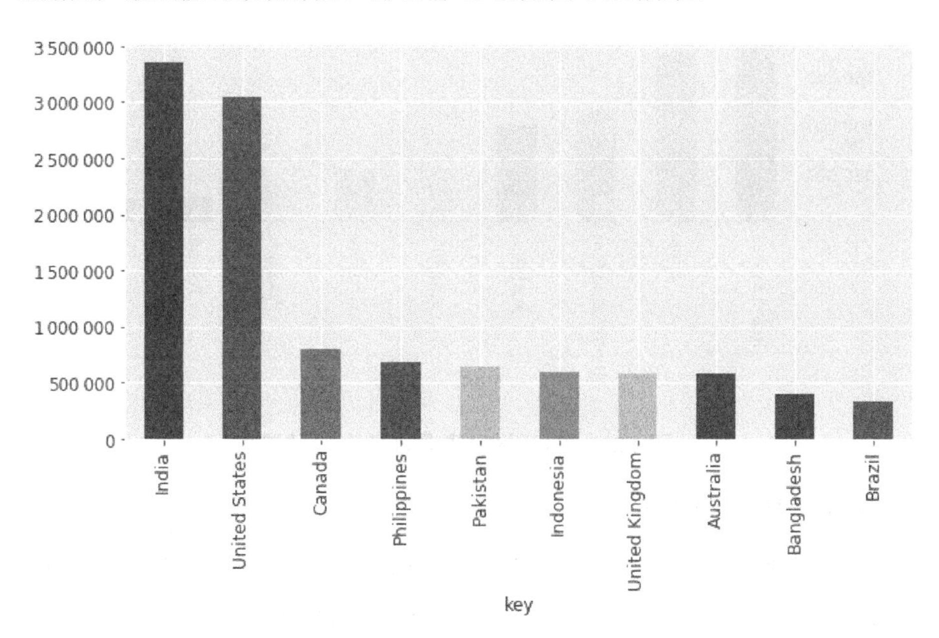

图 4-22　注册用户数量排名前 10 的国家

（6）项目所有者分布情况

项目所有者分布情况如下所示：

```
# 项目所有者分布情况

df = get_distribution(
    "project", "project.owner.location.country.name.keyword", 200)
df[0:10].plot.bar(y='doc_count', legend=False)
plt.show()
df.to_json("./web/data/owner-country.json")
```

项目所有者数量按国家统计后，排名前 10 的国家如图 4-23 所示。

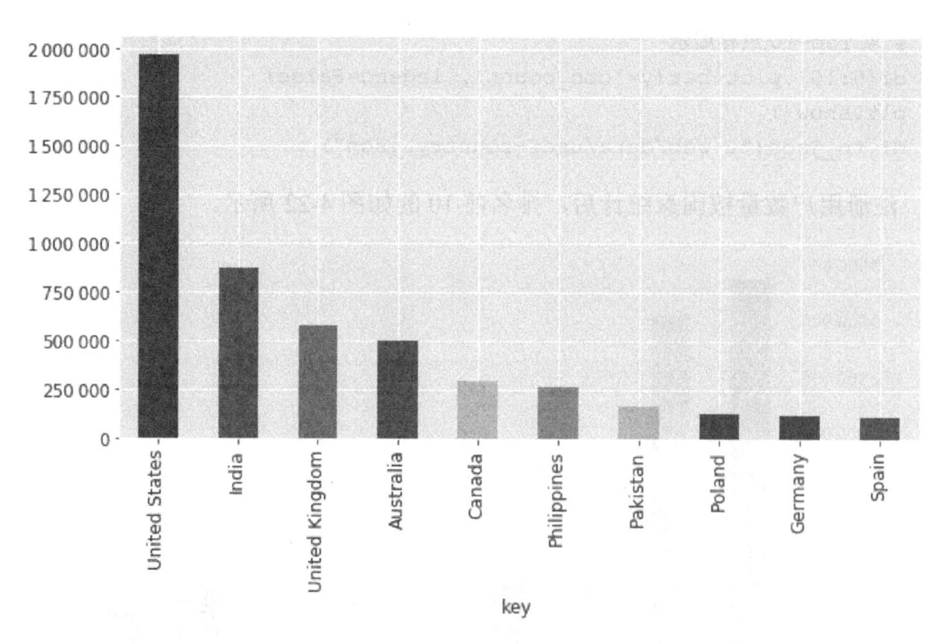

图 4-23　项目所有者数量排名前 10 的国家

（7）业务种类分布情况

在业务种类中，35%的项目是网站建设和软件开发相关业务，23%的项目是设计类相关业务，10%的项目是写作和内容类项目。这三类项目占据了 70%的份额。

```
# 业务种类分布
df = get_distribution(
    "project", "project.jobs.category.name.keyword", 10)
```

```
df.plot.pie(y='doc_count', figsize=(5,5), legend=False, label="")
plt.show()
df.to_json("./web/data/category.json")
```

业务种类分布如图 4-24 所示。

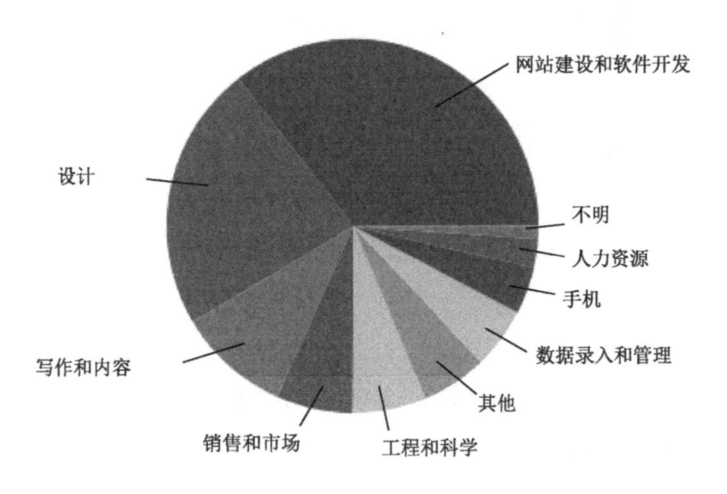

图 4-24 业务种类分布

（8）具体业务分布情况

在具体的业务分布中，前 60%的市场与网站建设和设计相关。其中，PHP 占据 20%的市场，这和 WordPress 等基于 PHP 的 CMS 网站建设有很大关系。Graphic Design 占据 12%的市场，紧接着是网站建设。其他类型的市场则相对较小，如图 4-25 所示。

```
# 具体业务分布情况
df = get_distribution("project", "project.jobs.name.keyword", 15)
df.plot.bar(y='doc_count')
plt.show()
df.to_json("./web/data/category-more.json")
```

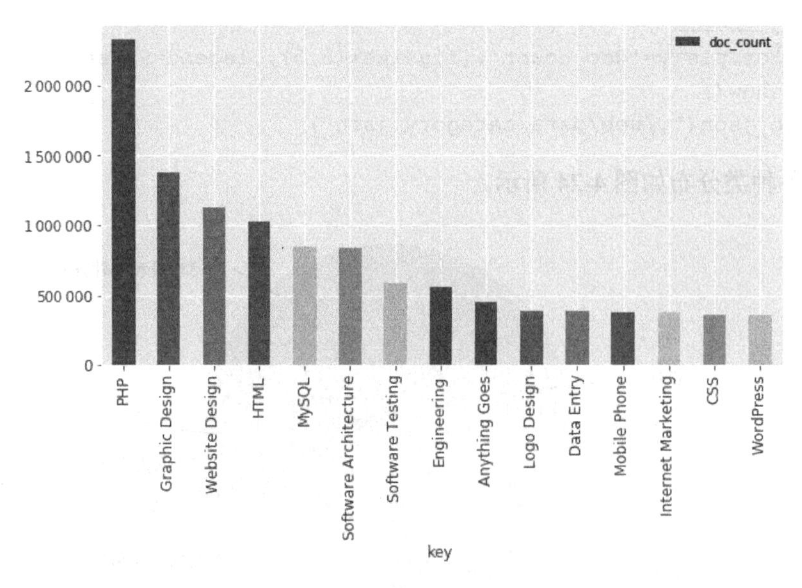

图 4-25 具体业务分布情况

（3）接单数 TOP 20

通过 user.reputation.entire_history.all 进行排序，可以得到排序前 20 的 ID（TOP 20）。对每个 ID 进行查询并计算，可以得到赚钱总数以及平均值。

但接单数多并不意味着赚的钱也多，接单数最多的交易平均每单 1 美元不到，而最高的也才 25 美元，总体赚钱不多。

```
import pandas as pd
from IPython.display import Image, HTML

# 获取整个 Freelancer 中做项目最多的 ID
query_get_most_jobs_count = {
    "size": 20,
    "query": {
        "match_all": {
        }
    },
    "sort": {
        "user.reputation.entire_history.all": "desc"
    }
}
```

```
def calc_earned(id):
    query = {
        "query": {
            "match": {
                "_id": id
            }
        }
    }

    res = es.search(index="userreview", body=query)

    sum = 0
    if len(res['hits']['hits']) == 0:
        # 有可能有数据不完整的情况，跳过，以 0 计算
        return 0

    for review in res['hits']['hits'][0]['_source']['userreview']:
        if review['sealed']:
            # 不公开项目，跳过
            continue

        # 转换成以美元计数
        sum += review['paid_amount'] *
        review['currency']['exchange_rate']

    return sum

res = es.search(index="user", body=query_get_most_jobs_count)

# 为每一项计算赚到的钱
top_list = [(x['_source']['user']['public_name'],
x['_source']['user']['location']['country']['name'],

x['_source']['user']['reputation']['entire_history']['all'],
calc_earned(x['_id']))
            for x in res['hits']['hits']]

top_df = pd.DataFrame(top_list, columns=["user", "country", "count",
"earned"])
top_df['average'] = top_df['earned']/top_df['count']
top_df.to_json("./web/data/top-world.json", orient='records')
top_df
```

接单数 TOP 20 如表 4-1 所示。

表 4-1 接单数 TOP 20

	user	country	count	earned	average
0	colorgraph	India	5888	5661.123601	0.961468
1	Djdes	Pakistan	5670	0.000000	0.000000
2	marjanahme	Bangladesh	5175	8655.865853	1.672631
3	botFInE	Philippines	4023	0.000000	0.000000
4	s	Pakistan	4007	0.000000	0.000000
5	DezineG	Pakistan	3898	0.000000	0.000000
6	crea8ivedes	Pakistan	3751	7201.721368	1.919947
7	pi	India	3725	10005.004539	2.685907
8	calciust	Romania	3515	24158.596851	6.873001
9	AttariB	Pakistan	3431	5072.631356	1.478470
10	lancerboy1	Bangladesh	3364	15922.589860	4.733231
11	Ga	Romania	3339	25712.237982	7.700580
12	sanjay2	India	3035	0.000000	0.000000
13	ron	Bangladesh	2802	14543.074134	5.190248
14	theDesign	Pakistan	2797	18986.786562	6.788268
15	sdk2	India	2773	18032.487468	6.502880
16	vano	Ukraine	2683	3649.404738	1.360196
17	Ale	Moldova, Republic of	2566	0.000000	0.000000
18	puneetja	India	2448	60075.659734	24.540711
19	beimani	Philippines	2241	24925.474227	11.122478

通过进一步的分析可以得到每个用户所做的项目情况：

```
user_list = top_df['user'].tolist()
query = {
    "size": len(user_list),
    "query": {
        "constant_score": {
            "filter": {
                "terms": {
                    "user.public_name.keyword": user_list
                }
            }
        }
    }
}
```

```
    res = es.search(index="user", body=query)

    d = []
    for hit in res['hits']['hits']:
        user = hit['_source']['user']
        for job in user['reputation']['job_history']['job_counts']:
            d.append((user['public_name'], job['job']['category']
                ['name'], job['job']['name'], job['count']))

    df = pd.DataFrame(
        d, columns=['username', 'category', 'category_detail_name',
'count'])
    df.set_index(['username', 'category', 'category_detail_name'])
```

项目情况如表 4-2 所示。

表 4-2　项目情况

username	category	category_detail_name	count
Ale	Websites, IT & Software	PHP	27
		C++ Programming	22
		Software Architecture	20
		Javascript	11
		C Programming	11
marjanahme	Sales & Marketing	Facebook Marketing	2775
	Websites, IT & Software	Social Networking	1783
	Sales & Marketing	Internet Marketing	1182
	Websites, IT & Software	Twitter	779
		SEO	603
...	...	...	...
pinky	Design, Media & Architecture	Graphic Design	2036
		Logo Design	1658
		Banner Design	642
		Adobe Flash	587
		Website Design	515
theDesignerz	Design, Media & Architecture	Graphic Design	2324
		Logo Design	1746
		Photoshop	985
		Brochure Design	926
		Website Design	808

（10）生成桑基图

桑基图可以很好地表示部分和整体的关系。图标、媒体设计类的单最多，其中，Graphic Design 和 Logo Design 占据的份额最多，其次是网站建设。在网站建设中，PHP 需求依然较高，这可能与 WordPress 等 PHP 架构的网站相关：

```
    # 生成桑基图节点
    nodes = []
    nodes = nodes + df['username'].unique().tolist() +
df['category'].unique().tolist() + \
        df['category_detail_name'].unique().tolist()
    pd.DataFrame(nodes, columns=['name']).to_json(
        "./web/data/top-nodes.json", orient='records')

    # 生成连接
    df_user_to_detail = df.groupby(['username',
'category_detail_name']).sum()
    df_user_to_detail.to_json(
        "./web/data/top-user-to-detail.json", orient='split')

    display(df_user_to_detail)

    df_detail_to_category = df.groupby(['category_detail_name',
'category']).sum()

    display(df_detail_to_category)

    df_detail_to_category.to_json(
        "./web/data/top-detail-to-category.json", orient='split')
```

用户及其所做项目的详细名称如表 4-3 所示。

详细分类和总类如表 4-4 所示。

表 4-3　用户及其所做项目的详细名称

username	category_detail_name	count
Al	C Programming	11
	C++ Programming	22
	Javascript	11
	PHP	27
	Software Architecture	20
At	Graphic Design	2550
	Logo Design	1788
	Photoshop	781
	Photoshop Design	526
	Website Design	492
...	...	...
the	Brochure Design	926
	Graphic Design	2324
	Logo Design	1746
	Photoshop	985
	Website Design	808
va	C Programming	757
	C# Programming	447
	C++ Programming	805
	Java	584
	Software Architecture	692

表 4-4　详细分类和总类

category_detail_name	category	count
Adobe Flash	Design, Media & Architecture	587
Advertising	Sales & Marketing	367
Article Rewriting	Writing & Content	200
Articles	Writing & Content	1560
Banner Design	Design, Media & Architecture	2225
Brochure Design	Design, Media & Architecture	1856
C Programming	Websites, IT & Software	768
C# Programming	Websites, IT & Software	447
C++ Programming	Websites, IT & Software	827
CSS	Design, Media & Architecture	197
...	...	...
Social Networking	Websites, IT & Software	3518
Software Architecture	Websites, IT & Software	712
Technical Writing	Writing & Content	486
Twitter	Websites, IT & Software	1684
Web Hosting	Websites, IT & Software	875
Website Design	Design, Media & Architecture	5328
Website Management	Websites, IT & Software	908
Website Testing	Websites, IT & Software	928
WordPress	Websites, IT & Software	361
YouTube	Websites, IT & Software	139

（11）某用户收入分析

下面对接单质量相对较高的某用户进行分析：

```
query = {
    "query": {
        "match": {
            "_id": 7×××××    #按照 id 搜索
        }
    }
}

res = es.search(index="userreview", body=query)

d = []
userreview = res['hits']['hits'][0]['_source']['userreview']

# 载入所有的项目信息到临时数组
```

```
for x in userreview:
    if x['sealed']:
        continue

    d.append((x['time_submitted'], x['currency']['exchange_rate'] *
    x['paid_amount'], 1))

df = pd.DataFrame(d, columns=['time_submitted', 'earned',
'project_count'])

# 将time_submitted转换为datetime，以秒作为时间单位
df['time_submitted'] = pd.to_datetime(df['time_submitted'], unit='s')

# 将time_submitted设置为索引
df.set_index('time_submitted', inplace=True)

# 同时保留时间
df['time'] = df.index

# 将时间按照一个月进行重采样，把数据加起来
df = df.resample('1M').sum().fillna(0)

# 计算平均值
df['average'] = df['earned']/df['project_count']

df.plot.bar(y='earned', figsize=[10, 4])

df[df.index < END_DATE].to_json(
    "./web/data/zhengnami13_projects.json", orient='index',
    double_precision=2)

plt.show()
```

某用户的收入分析如图 4-26 所示。

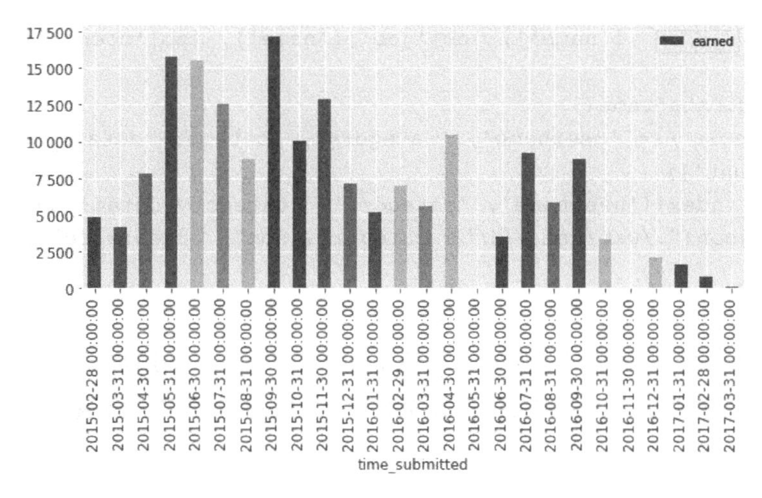

图 4-26　某用户的收入分析

（12）某用户的接单类型和客户分析

user 数据库中存储了某用户所做的历史项目的信息，通过分析这些信息可以得到用户接单的类型：

```
query = {
    "query": {
        "constant_score": {
            "filter": {
                "terms": {
                    "user.public_name.keyword": ["用户名"]
 #按照用户名查找用户
                }
            }
        }
    }
}

res = es.search(index="user", body=query)

d = []
for hit in res['hits']['hits']:
    user = hit['_source']['user']
    # 提取用户的历史项目信息
    for job in user['reputation']['job_history']['job_counts']:
        d.append((user['public_name'], job['job']['category']
```

```
                  ['name'], job['job']['name'], job['count']))

df = pd.DataFrame(
    d, columns=['username', 'category', 'category_detail_name',
    'count'])
df.set_index(['username', 'category', 'category_detail_name'])
df.to_json("./web/data/用户名_category.json", orient='split')

display(df)
```

用户接单的类型如表 4-5 所示。从表 4-5 中可以看出，该用户主攻方向为移动领域的开发。具体来说，iOS 相关的开发项目比 Android 的要多，纯 HTML5 的开发也占有一定的比例。

表 4-5 用户接单的类型

	username	category	category_detail_name	count
0	[illegible]	Mobile Phones & Computing	Mobile Phone	151
1	[illegible]	Mobile Phones & Computing	iPhone	135
2	[illegible]	Mobile Phones & Computing	Android	100
3	[illegible]	Mobile Phones & Computing	iPad	56
4	[illegible]	Websites, IT & Software	HTML5	36

从历史项目中继续查找该用户的客户信息：

```
def get_user_country(user_id):
    query = {
        "query": {
            "match": {
                "_id": user_id
            }
        }
    }

    res = es.search(index="user", body=query)
    hits = res['hits']['hits']
    if len(hits) == 0:
        return "Unknown"

    user = hits[0]['_source']['user']
    return user['location']['country']['name']
```

```
    clients = []
    for x in userreview:
        clients.append(get_user_country(x['from_user_id']))

    df = pd.DataFrame(clients, columns=["country"])
    df['count'] = 1
    df = df.groupby("country").count().sort_values("count",
ascending=False)
    df[0:5].plot(kind='bar')
    df.to_json("./web/data/zhengnami13_customers.json")
    plt.show()
```

该用户的客户所在的国家及下单数量如图 4-27 所示。

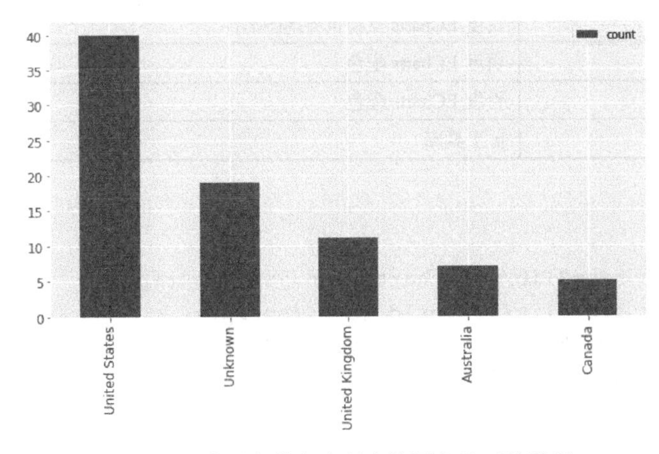

图 4-27　该用户的客户所在的国家及下单数量

4. 制作可交互的报告

传统的分析报告常常使用 PowerPoint 和 Excel 来制作，通常无法放到互联网上作为可交互的报告。reveal.js 是一个内容展示框架，可以简单地理解为网页版的 PPT，结合百度 ECharts，可以做出动态的、可交互的页面。

reveal.js 不需要复杂的安装，仅需要一个 HTML 文件和相关的 js 即可正常工作。读者可以从 GitHub 下载编译好的版本，双击 index.html 后即可看到效果。如果需要支持数据的加载，则需要一个 HTTP 服务器。

Python3 提供了一个 http.server 模块，启动方法如下：

python3 -m http.server

用浏览器访问 localhost:8000 即可看到页面。

（1）添加百度 ECharts 相关的 js 文件

基于这个模板，我们可以进行一些改造，以便支持百度 ECharts。首先，在<head>中添加百度 ECharts 的 js 文件，如表 4-6 所示。

表 4-6 在<head>中添加百度 ECharts 的 js 文件

文件名	用　途
echarts.min.js	百度 ECharts 主文件
world.js	百度 ECharts 支持世界地图插件
dark.js	百度 ECharts 配色
infographic.js	百度 ECharts 配色
lodash.min.js	js 工具库

```
<head>
...
    <script src="lib/js/echarts.min.js"></script>
    <script src="lib/js/world.js"></script>
    <script src="lib/js/lodash.min.js"></script>
    <script src="lib/js/dark.js"></script>
    <script src="lib/js/infographic.js"></script>
</head>
```

然后增加一个页面：

```
<section>
    <h1>FREELANCER.COM</h1>
    <h3>全站数据分析报告</h3>
    <p>
        <small>By <a
href="http://github.com/derekhe">derekhe</a></small>
    </p>
</section>
```

刷新页面后可以看到如图 4-28 所示的数据分析报告首页。

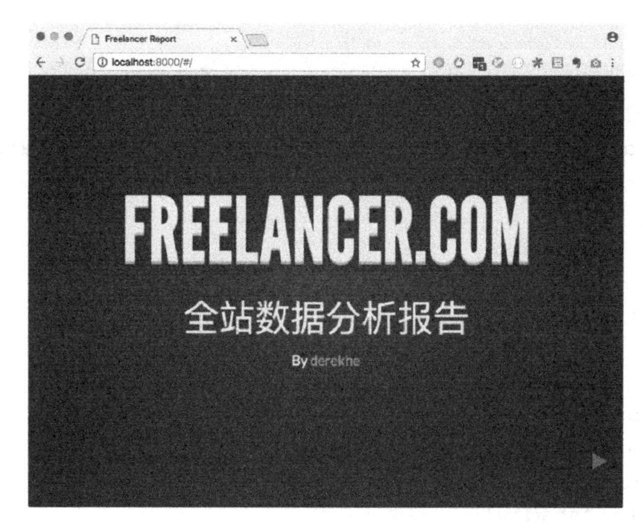

图 4-28　数据分析报告首页

简单纯数据页面

采集数据和网站数据相比，页面要简单些，不涉及异步载入数据等情况。在页面中我们定义 div id 为 project-user，大小是 400×350。在页面底端有<script>标签，可以载入 data-compare.js：

```
<section>
    <h3>采集数据和网站数据对比</h3>
    <div class="flex-center">
        <div id="project-user" style="width: 400px;height:350px;">
        </div>
        <div class="normal-text">
            <p>
# 从采集的数据来看，项目数量约有 740 万个，用户数量约为 1700 万人
            </p>
            <p>
            </p>
        </div>
    </div>

    <script src='./js/data-compare.js'></script>
</section>
```

data-compare.js 内容比较简单，因为数据是直接写到 JavaScript 中的，所以不存在载入数据的问题。设置好标题、图例、*X* 轴、*Y* 轴属性后，即可显示出来：

```
  ((() => {
    // 初始化百度 ECharts，并以 project-user 为渲染窗口
    const myChart =
echarts.init(document.getElementById('project-user'), 'dark', {
      devicePixelRatio: 2 //解决在手机上模糊的问题
    });

    const option = {
      legend: {
        data: ['采集数据(千万)', '网站数据(千万)']
      },
      tooltip: {
        trigger: 'axis',
        axisPointer: {
          type: 'shadow'
        }
      },
      xAxis: {
        type: 'category',
        data: ['项目数', '用户数']
      },
      yAxis: [{
        type: 'value'
      }],
      series: [{
          name: '采集数据(千万)',
          type: 'bar',
          data: [7405296 / 1000000, 17329285 / 1000000]
        },
        {
          name: '网站数据(千万)',
          type: 'bar',
          data: [11611955 / 1000000, 23850100 / 1000000]
        }
      ]
    };

    myChart.setOption(option);
  }))()
```

图文混合显示如图 4-29 所示。

图 4-29　图文混合显示

数据载入和简单处理

在“项目和用户增长情况”页面中，我们需要读取之前存储的 project-user.json 文件，提取时间和值，以便于在图上显示。这里不需要引入 jQuery，也不需要使用 $.ajax 请求，直接使用 fetch 方法即可。在回调函数中转换成 JSON 格式提取相关的信息：

```
  ((() => {
    const myChart =
echarts.init(document.getElementById('user-project'), 'dark', {
      devicePixelRatio: 2
    });

    //使用 fetch 方法加载 JSON 数据
    fetch("./data/project-user.json")
      .then(response => // 将数据转换成 json 对象
        response.json())
      .then(json => {
        // 获取对象中的值的部分，作为后续 Y 轴的数据来源
        const user_registered = _.values(json['user_cumsum']);
        const project_count = _.values(json['project_cumsum']);

        // 获取对象中键的部分，这部分数据是时间戳
        x = _.map(_.keys(json['user_cumsum']), d =>
  // 转换时间戳为 JavaScript 的 Date 对象
```

```
      new Date(parseInt(d))
      .toLocaleDateString());

    option = {
      legend: {
        data: ['用户数量', '项目数量'],
        align: 'left'
      },
      tooltip: {
        trigger: 'axis'
      },
      xAxis: {
        data: x,
        silent: false,
        splitLine: {
          show: false
        }
      },
      yAxis: {
        splitLine: {
          show: false
        }
      },
      series: [{
        name: '用户数量',
        type: 'line',
        data: user_registered,
        animationDelay: function (idx) {
          // 添加动画效果
          return idx * 10;
        }
      }, {
        name: '项目数量',
        type: 'line',
        data: project_count,
        animationDelay: function (idx) {
          return idx * 10 + 100;
        }
      }],
      animationEasing: 'elasticOut', //缓慢出现
      animationDelayUpdate: function (idx) {
        // 添加动画效果
```

```
          return idx * 5;
        }
      };

      myChart.setOption(option);
    });
})))();

            }
          },
          data: mapData
        }]
      };

      myChart.setOption(option);
    });
})))();
```

价值迁移图

自由职业存在一个买卖（或称交易）关系，即钱是从一个地方流向了另一个地方。这和“春运”时经常看到的人口迁移图类似，只不过这里迁移的是价值。在本章前面数据分析环节中我们已经展示过价值流动的图示，在下面的案例中，我们将利用这个热力图的数据进行动画展示。

```
(((() => {
  const myChart = echarts.init(document.getElementById('movement'),
      'dark', {
    devicePixelRatio: 2
  });
  const gpsPromise = fetch("./data/country-capitals.json")
    .then(response => response.json());

  // 载入热力图数据
  const heatmapPromise = fetch("./data/heatmap.json")
    .then(response => response.json());

  // 等待所有数据载入完成
  Promise.all([gpsPromise, heatmapPromise])
    .then(resp => {
      const gps = resp[0];
```

```
    const heatmap = resp[1];

    function findGPS(countryName) {
      const o = _.find(gps, g => g.CountryName == countryName);

      if (o == null) {
        return null;
      }

      return [parseFloat(o.CapitalLongitude), parseFloat
        (o.CapitalLatitude)];
    }

    const routes = _.map(heatmap.index, (d, index) => {
        const bidderCountryName = d[1];
        const bidder = findGPS(bidderCountryName);

        const onwerCountryName = d[0];
        const owner = findGPS(onwerCountryName);

        const data = heatmap.data[index];
        if (data < 250) return null;
// 数据量太小时，则不展示，避免线条过于杂乱

        if (bidder && owner) {
          return {
            coords: [bidder, owner],
            from: bidderCountryName,
            to: onwerCountryName,
            data
          };
        } else {
          return null;
        }
      })
      .filter(e => e != null);

    const option = {
      title: {
        left: 'center',
        textStyle: {
          color: '#eee'
```

```
      }
    },
    toolbox: {
      show: true
    },
    backgroundColor: '#003',
    tooltip: {
      // 当鼠标移到线上时显示价值迁移详情
      formatter: function (param) {
        const route = routes[param.dataIndex];
        return route.from + "->" + route.to + ":" + route.data;
      }
    },
    geo: {
      map: 'world',
      roam: true,
      itemStyle: {
        normal: {
          borderColor: '#009',
          color: '#005'
        }
      }
    },
    series: [{
      type: 'lines', //用于带有起点和终点信息的线数据的绘制，主要用于地
                     //图上航线、路线的可视化
      coordinateSystem: 'geo',
      data: routes,
      large: true,
      lineStyle: {
        //设置线型为不透明度20%的弯曲线型
        normal: {
          opacity: 0.2,
          width: 1.2,
          curveness: 0.1
        }
      },
      effect: { //动画效果打开
        show: true,
        period: 20, //动画持续时间
        trailLength: 0,
        symbol: 'pin',
```

```
          symbolSize: 6
        },
        // 设置混合模式为叠加，以便显示叠加效果
        blendMode: 'lighter'
      }]
    };

    // 由于迁移图比较消耗资源，在某些浏览器上显示比较慢，所以页面有时不太流畅。
    // Reveal 会将所有的 js 载入并运行，即便没有到这一页，也会运行相应的 js
    // 监听 slidechanged 事件，当浏览到这一页时，再进行渲染，离开时清除
    Reveal.addEventListener('slidechanged', event => {
      if (event.indexh == 11) {
        setTimeout(() => {
          myChart.setOption(option);
        }, 600);
      } else {
        myChart.clear();
      }
    });
  });
}))()
```

桑基图

桑基图有一个很好的特性，即能够直观地显示总体和部分的关系，在下面的案例中，我们将可视化接单数量前 20 的自由职业者的接单类型。

用百度 ECharts 展示桑基图并不复杂，只需提供正确的源点和目的点的映射关系和数量即可。这里会用到前文分析时输出的 top-nodes.json、top-user-to-detail.json 和 top-dctail-to-category.json 三个数据文件。

可视化结果如图 4-30 所示。

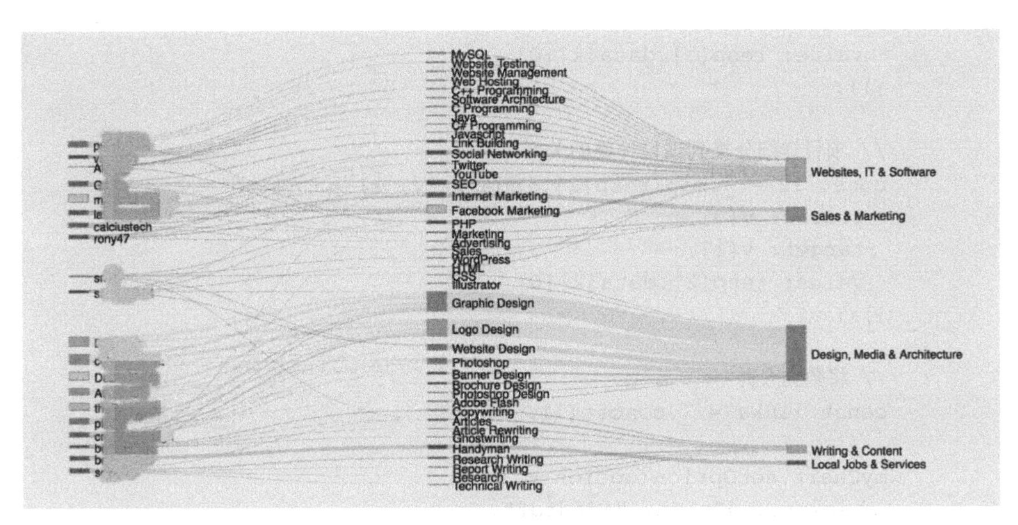

图 4-30　可视化结果

```
(() => {
  const myChart = echarts.init(document.getElementById('user-top20-
      detail'), 'infographic', {
    devicePixelRatio: 2
  });

  const topNodesPromise = fetch("./data/top-nodes.json")
    .then(response => response.json());

  const topUserToDetailPromise =
      fetch("./data/top-user-to-detail.json")
    .then(response => response.json());

  const topDetailToCategoryPromise =
      fetch("./data/top-detail-to-category.json")
    .then(response => response.json());

  Promise.all([topNodesPromise, topUserToDetailPromise,
     topDetailToCategoryPromise])
    .then(resp => {
     const nodes = resp[0];

     // 用户接单数量到项目详细分类数量的关系
     const l1 = _.map(resp[1].index, (v, k) => ({
       source: v[0],
       target: v[1],
```

```
        value: resp[1].data[k][0]
      }));

      // 项目详细分类到项目种类的关系
      const l2 = _.map(resp[2].index, (v, k) => ({
        source: v[0],
        target: v[1],
        value: resp[2].data[k][0]
      }));

      // 将数据合并
      const links = _.concat(l1, l2);

      myChart.setOption(option = {
        backgroundColor: "#dfdfdf",
        tooltip: {
          trigger: 'item',
          triggerOn: 'mousemove'
        },
        series: [{
          type: 'sankey',
          layoutIterations: 64, //布局的迭代次数，用来不断优化图中节点的位
                                //置，以减少节点和边之间的相互遮盖
          data: nodes,
          links,
          itemStyle: {
            normal: {
              borderWidth: 1,
              borderColor: '#aaa'
            }
          },
          lineStyle: {
            normal: {
              color: 'source',
              curveness: 0.5 //曲线弯曲程度
            }
          }
        }]
      });

      myChart.setOption(option);
    });
  }))()
```

在这个报告里面，还用到了常见的饼图、多数据的柱状图，以及两者的混合。由于比较简单，这里不再赘述。

4.6 总结

Freelancer 网站是项目外包网站的一个缩影，能够在一定程度展示外包项目的现状。该项目数据抓取难度不大，只需调用正确的 API 并使用匿名代理即可。

在数据分析阶段，使用 Elasticsearch 可以很方便地对半结构化的数据进行搜索，而不用在关系型数据库中建立烦琐的表结构。借助 Kibana 这个工具可以在一定程度上迅速地对数据进行概要分析。通过 Jupyter+Pandas 可以对数据进行进一步的分析及可视化。

我们还可以将数据导出到 JSON 文件中，使用 reveal.js 制作一个电子报告，从而动态展示数据。

借助这些工具，我们可以站在“全局视角”对自由职业项目进行整体的数据分析，发现一些背后的规律。

第5章

基于逆向分析小程序的爬虫

5.1 背景及目标

最近几年快递业务蓬勃发展，我们希望可以通过数据采集，得到快递的网点分布信息、快递人员的分布信息，甚至得到快递员工的留存率，从而分析不同品牌快递的运营情况。目前，我们可以从以下几个渠道获取数据源。

（1）快递单信息

每个快递单都有快递员的姓名、联系电话和快递公司名称，通过收集大量的快递单信息可以得到很多有用信息。这样收集的好处是，快递员的信息是有效的，但由于一个快递员配送很多单，因而会造成大量的重复数据。另外，找到大量的快递单号也不是一件容易的事情。

（2）快递 100 网站

快递 100 网站提供了寄快递的功能，可以通过你所在的位置来联系快递员。搜索的时候，页面上会调用一个带有位置信息的 API，可以很容易地获取 https://www.kuaidi100.com/apicenter/kdmkt.do 的一个 POST 请求，内容是：

method=queryMyMkt&latitude=30.54034&longitude=104.06851&addressinfo=四川省成都市武侯区桂溪街道天府大道中段 1282 天府软件园

转换成代码：

```
import requests

headers = {
    'charset': 'UTF-8',
    'content-type': 'application/x-www-form-urlencoded',
    'Host': 'p.kuaidi100.com',
}

params = (
    ('method', 'queryMyMkt'),
    ('latitude', '31.19498'),
    ('longitude', '121.28882'),
    ('ltype', 'GCJ02'),
    ('source', 'xcx'),
    ('orderSource', 'indexpage'),
)

response = equests.get('https://p.kuaidi100.com/apicenter/kdmkt.do',
headers=headers, params=params)

print(response.json())
```

输出结果中包含快递员的信息。发现这一点以后，可利用找单车相似的方法，对几个城市进行遍历，从而得到快递员的数据，读者可以自行操作。

（3）快递网

快递网提供了快递员信息和快递网点信息。网站使用静态页面载入网页的形式呈现信息，从URL可以发现，可以按数字进行遍历，遍历时加上代理即可隐藏身份信息。

（4）微快递APP

微快递APP提供了附近的快递员信息，而且快递员数量很多，还有位置信息，是比较好的数据源。

下面重点介绍某快递的API的获取及抓取过程。

5.2 数据来源分析

首先用 Charles 看一下某 APP 的请求，如图 5-1 所示。

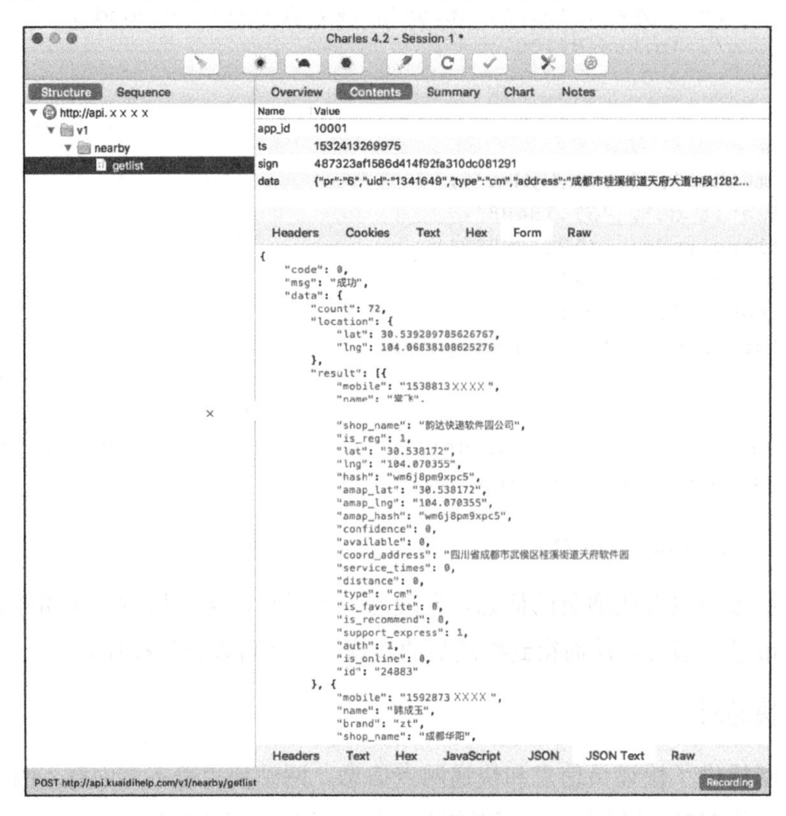

图 5-1　Charles 界面

从图 5-1 可以看到，请求本身并不复杂，app_id 是定值变量，ts（时间戳）和 sign（签名）会随着时间和 data 的变化而变化。data 中包含了位置信息和地址信息：

```
{
  "pr": "6",
  "uid": "1341649",
  "type": "cm",
  "address": "成都市桂溪街道天府大道中段1282……",
  "lng": "104.06871",
  "lat": "30.540348"
}
```

一旦遇到 ts、sign 这样的时间签名，就不太好处理了。绝大部分 APP 都经过了“加固”处理，并且破解起来非常困难。这时我们可以找一下是否有其他入口，看是否使用了类似的签名。

在测试小程序 API 请求时，可以发现签名仅和时间戳相关，和 data 没有任何关系。由于几乎所有的 JavaScript 书写的项目都可以进行反编译来求解内部的结构，因此我们设法找到 JavaScript 的包，然后进行反编译，如图 5-2 所示。

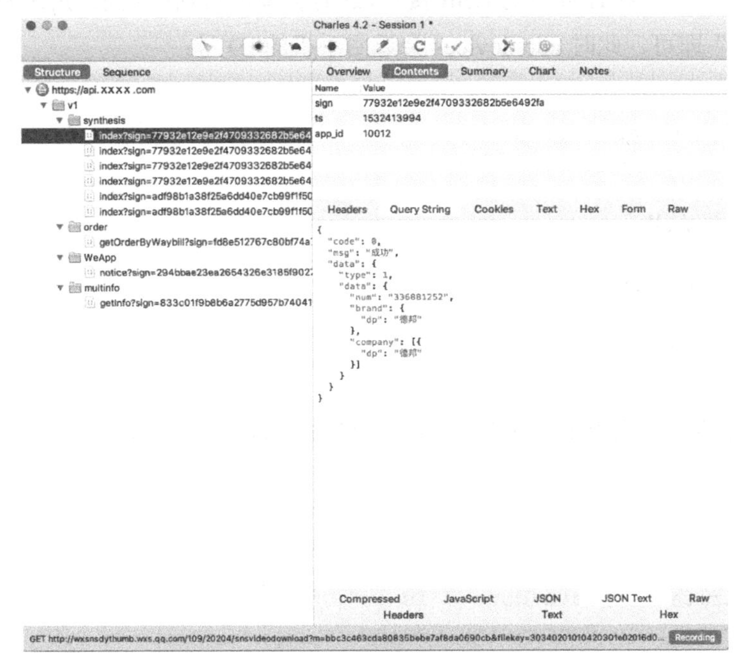

图 5-2　进行反编译

5.3　数据抓取方案

1. 获取 wxapkg 包

小程序编译后会被打包为 wxapkg（微信小程序包）文件，下载时会放到缓存文件夹中供下一次使用。要想得到小程序的存放位置，必须有一个 root 后的 Android 手机才能提取。为了能够较快地找到对应的小程序，建议先将使用过的小程序清理干净。

（1）打开手机的调试模式

请按照手机的型号搜索如何打开“开发者选项”，通常只需在手机系统设置界面下“关于手机”的“版本号”一栏中单击 5 次以上即可打开。在“开发者选项”中打开“USB 调试”后，在计算机上执行：

```
adb devices
```

然后，将手机连接计算机的 USB 接口，这时会弹出对话框要求“允许 USB 调试”，单击“允许”即可，此时 adb devices 会返回手机的 ID 号：

```
$ adb devices
List of devices attached
616fceb9    device
```

（2）进入 shell

执行 adb shell 命令，进入命令行状态：

```
$ adb shell
shell@trltechn:/ $
```

Ardroid 手机中所有的应用程序均存储在/data/data 目录中，我们可以通过 cd 命令进入此目录：

```
$ adb shell
shell@trltechn:/ $ cd /data/data/
shell@trltechn:/data/data $ ls
opendir failed, Permission denied
```

提示没有权限。这时需要执行 su 命令，获取 root 权限后才能操作。执行 su 命令后，用户名将从 255|shell 变成 root，此时用 ls 即可列出目录：

```
255|shell@trltechn:/data/data $ su
root@trltechn:/data/data # ls
amotz.example.com.mocklocationfordeveloper
android
app.greyshirts.sslcapture
cn.xdf.maxen
com.UCMobile
.....
```

（3）找到 wxapkg 位置

进入/data/data/com.tencent.mm/MicroMsg 目录后使用 find 命令即可找到 wxapkg 的具体位置，发现已经有一些 wxapkg 文件了：

```
cd /data/data/com.tencent.mm/MicroMsg
root@trltechn:/data/data/com.tencent.mm/MicroMsg # find . -iname *.wxapkg
./09adccbcdb1276d99eff06097b55d389/appbrand/pkg/_1123949441_146.wxapkg
./09adccbcdb1276d99eff06097b55d389/appbrand/pkg/_1123949441_152.wxapkg
```

为了减少干扰，我们将现有的 wxapkg 文件清理干净：

```
rm -rf ./09adccbcdb1276d99eff06097b55d389/appbrand/pkg/
```

两次打开小程序，此时会下载小程序到缓冲目录中。这里再次使用 find 命令查找下载的 wxapkg 文件：

```
root@trltechn:/data/data/com.tencent.mm/MicroMsg # find . -iname
*.wxapkg
./09adccbcdb1276d99eff06097b55d389/appbrand/pkg/_766264848_85.wxapkg
./09adccbcdb1276d99eff06097b55d389/appbrand/pkg/_1123949441_152.wxapkg
```

可见，本例中已经下载了两个 wxapkg 文件，一个是小程序自身的运行环境，另一个是“某快递+”小程序的包。

（4）将 wxapkg 文件备份到计算机

由于 adb pull 命令无法访问/data/data 目录，所以我们将两个 wxapkg 文件先放到 sdcard 目录中，再备份到计算机：

```
cd 09adccbcdb1276d99eff06097b55d389/appbrand/pkg/
mkdir /sdcard/wxapkg
cp -v *.wxapkg /sdcard/wxapkg
```

成功后，sdcard 的 wxapkg 目录中就会有两个 wxapkg 文件了。

退出 adb shell 环境，在计算机上运行如下命令：

adb pull /sdcard/wxapkg

成功后会生成 wxapkg 文件夹，文件夹内包含两个 wxapkg 文件。至此我们就成功地将小程序的包备份到计算机上了：

```
$ ls -lh
total 8976
-rw-r--r--  1 sche  staff   3.2M  7 24 15:10 _1123949441_152.wxapkg
-rw-r--r--  1 sche  staff   1.1M  7 24 15:10 _766264848_85.wxapkg
```

2. 反编译 wxapkg

在网络上有许多文章详细解释了 wxapkg 的结构，这里不再赘述。GitHub 上 leo9960 提供的 wechat-app-unpack 页面中包含了相关的信息。

这里我们采用 Python3 的一个版本即可，其他语言的版本可以根据自己的熟悉程度选择。

注：以下代码引用自 https://gist.github.com/Integ/bcac5c21de5ea35b63b3db2c725f07ad。

```
# coding: UTF-8
# py2 origin author lrdcq
# usage python3 unwxapkg.py filename

__author__ = 'Integ: https://github.com./integ'

import sys, os
import struct

class WxapkgFile(object):
    nameLen = 0
    name = ""
    offset = 0
    size = 0

if len(sys.argv) < 2:
    print('usage: unwxapkg.py filename [output_dir]')
    exit()

with open(sys.argv[1], "rb") as f:
    root = os.path.dirname(os.path.realpath(f.name))
    name = os.path.basename(f.name) + '_dir'
    if len(sys.argv) > 2:
        name = sys.argv[2]

    #read header
```

```
    firstMark = struct.unpack('B', f.read(1))[0]
    print('first header mark = {}'.format(firstMark))

    info1 = struct.unpack('>L', f.read(4))[0]
    print('info1 = {}'.format(info1))

    indexInfoLength = struct.unpack('>L', f.read(4))[0]
    print('indexInfoLength = {}'.format(indexInfoLength))

    bodyInfoLength = struct.unpack('>L', f.read(4))[0]
    print('bodyInfoLength = {}'.format(bodyInfoLength))

    lastMark = struct.unpack('B', f.read(1))[0]
    print('last header mark = {}'.format(lastMark))

    if firstMark != 0xBE or lastMark != 0xED:
        print('its not a wxapkg file!!!!!')
        f.close()
        exit()

    fileCount = struct.unpack('>L', f.read(4))[0]
    print('fileCount = {}'.format(fileCount))

    #read index
    fileList = []
    for i in range(fileCount):
        data = WxapkgFile()
        data.nameLen = struct.unpack('>L', f.read(4))[0]
        data.name = f.read(data.nameLen)
        data.offset = struct.unpack('>L', f.read(4))[0]
        data.size = struct.unpack('>L', f.read(4))[0]
        print('readFile = {} at Offset = {}'.format(str(data.name,
                                 encoding = "UTF-8"), data.offset))

        fileList.append(data)

    #save files
    for d in fileList:
        d.name = '/' + name + str(d.name, encoding = "UTF-8")
        path = root + os.path.dirname(d.name)

        if not os.path.exists(path):
```

```
            os.makedirs(path)

        w = open(root + d.name, 'wb')
        f.seek(d.offset)
        w.write(f.read(d.size))
        w.close()

        print('writeFile = {}{}'.format(root, d.name))

    f.close()
```

将这个文件保存为 unwxapkg.py，运行后即可得到解包后的目录结构，如图 5-3 所示。

wxapkg

Search

Favorites: Recents, Documents, sche, Downloads, Applications, iCloud Drive, Desktop, AirDrop

Devices: Remote Disc, Google Drive

Shared

Tags: 红色, 橙色, 黄色, 绿色, 蓝色, 紫色, 灰色, All Tags...

Name	Date Modified	Size	Kind
_766264848_85.wxapkg	Today at 3:10 PM	1.2 MB	Document
_766264848_85.wxapkg_dir	Today at 3:20 PM	--	Folder
__plugin__	Today at 3:20 PM	--	Folder
app-config.json	Today at 3:20 PM	16 KB	JSON
app-service.js	Today at 3:20 PM	387 KB	JavaScript
component	Today at 3:20 PM	--	Folder
images	Today at 3:20 PM	--	Folder
page-frame.html	Today at 3:20 PM	547 KB	HTML
pages	Today at 3:20 PM	--	Folder
template	Today at 3:20 PM	--	Folder
_1123949441_52.wxapkg	Today at 3:10 PM	3.4 MB	Document
_1123949441_52.wxapkg_dir	Today at 3:20 PM	--	Folder
WAGame.js	Today at 3:20 PM	568 KB	JavaScript
WAGameSubContext.js	Today at 3:20 PM	130 KB	JavaScript
WAGameVConsole.html	Today at 3:20 PM	76 KB	HTML
WAPageFrame.html	Today at 3:20 PM	459 bytes	HTML
WAPerf.js	Today at 3:20 PM	9 KB	JavaScript
WARemoteDebug.js	Today at 3:20 PM	37 KB	JavaScript
WAService.js	Today at 3:20 PM	699 KB	JavaScript
WASourceMap.js	Today at 3:20 PM	22 KB	JavaScript
WASubContext.js	Today at 3:20 PM	680 KB	JavaScript
WAVConsole.js	Today at 3:20 PM	112 KB	JavaScript
WAWebview.js	Today at 3:20 PM	766 KB	JavaScript
WAWidget.js	Today at 3:20 PM	181 KB	JavaScript
WAWorker.js	Today at 3:20 PM	121 KB	JavaScript

图 5-3　解包后的目录结构

其中一个文件夹内包含了 WA 开头的多个 js 文件，这些都是小程序的基础包，所以我们重点关注另一个解压目录_766264848_85.wxapkg_dir 中的文件。

小程序被编译后都会放到一个 js 文件中，所以打开 app-service.js 后会发现该文件特别大，而且一行很长，几乎无法阅读。如果有 Visual Studio Code、Sublime 或者 Atom 等编辑器，可以尝试打开代码后用格式化工具对代码进行格式化，通常会得到较好的效果。另一种方法是安装 uglifyjs，直接格式化代码：

```
npm install -g uglify-js
uglifyjs app-service.js --beautify > app-service-beautify.js
```

这样生成的 app-service-beautify.js 文件的可读性就比较高了。

3. 查找 sign 和 ts 的生成关系

在分析 sign 的生成规律时，由于大量的变量都被替换成了单字母的形式，所以阅读起来有点困难，推荐使用 Visual Studio Code 装上 JavsScript 的解析插件后进行代码分析，这样可以比较方便地找到一些变量的初始化的位置和函数的定义。

在代码中搜索 sign 关键字，建议最好打开“整个单词”查找功能，避免找到如 Object.assign 这样的内容。很快，在源代码中就能定位到这段代码，并且 ts、app_id 也在附近，正符合我们的预期：

```
function l(t, a) {
    var s, n, r;
    for (var d in a) "string" == typeof a[d] && (a[d] = i.trim(a[d]),
      a[d] = i.textFilter(a[d]));
    if ("api" == e.apisrc && e.isfromapi) {
    var c = m && m.session_id || "",
        p = e.istran ? "/v1/WeApp/transfer" : t,
        u = (u = Date.now())
        .toString()
        .substr(0, 10),
        l = C.appconfig[S.sys].app_key,
        g = C.appconfig[S.sys].app_id,
        f = o(u + l + p + g)
        .toString(),
        h = C.name_en + "/" + C.version + " (" + S.model + ";" + S.syst
          em + ")";
    n = {
        sign: f,
        ts: u,
        app_id: g
```

```
        }, e.istran ? (n.api = t, c && (n.session_id = c), n.user_agent
= encodeURIComponent(h)) : c && (e.header.Cookie = "session_id=" + c), s
= i.urlSplice(p, n), r = {
            data: JSON.stringify(a)
        }
        } else if ("dts" == e.apisrc) {
        var y = {
            dev_id: "",
            appVersion: C.version.replace(/\./g, ""),
            dev_imei: "",
            pname: S.sys + "s"
            },
            l = C.appconfig[S.sys]["app_key." + e.apisrc];
        s = t, r = {
            content: y = i.extendJson(!0, y, e.data),
            token: o(JSON.stringify(y) + l)
            .toString()
        }
        } else s = t, r = a;
        return {
        api: s,
        data: r
        }
```

先看一下 sign 的生成，在下面这个片段中，sign 的赋值来自 f 这个变量：

```
        n = {
            sign: f,
            ts: u,
            app_id: g
        }
```

变量 f 由 f = o(u + l + p + g).toString()代码生成。函数 o 内部的参数在附近都能找到定义，唯独这个 o 是什么，在附近并没有说明。在这时就要借助 Visual Studio Code 的 Go to Definition 功能，跳转到 o 的定义处，如图 5-4 所示。

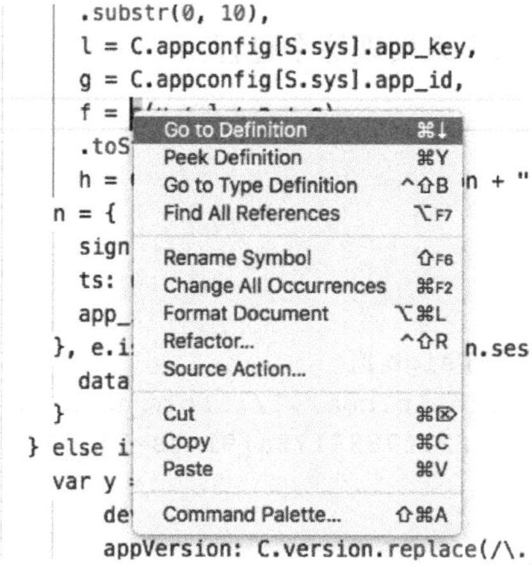

```
    .substr(0, 10),
    l = C.appconfig[S.sys].app_key,
    g = C.appconfig[S.sys].app_id,
    f =
    .toS
    h =                                    n + "
  n = {
    sign
    ts:
    app_
  }, e.i                                   n.ses
    data
  }
} else i
  var y
      de
      appVersion: C.version.replace(/\.
```

```
Go to Definition          ⌘↓
Peek Definition           ⌘Y
Go to Type Definition     ^⇧B
Find All References       ⌥F7
Rename Symbol             ⇧F6
Change All Occurrences    ⌘F2
Format Document           ⌥⌘L
Refactor...               ^⇧R
Source Action...
Cut                       ⌘⌦
Copy                      ⌘C
Paste                     ⌘V
Command Palette...        ⇧⌘A
```

图 5-4　使用 Go to Definition 功能

跳转到对应位置可以得知，原来 o 是一个 MD5 的计算库，如图 5-5 所示。至此，整个计算的核心就是将时间戳、app_key、app_id、url 合并后进行 MD5 运算。这也符合我们前面的预测，即 sign 和 ts 的结果与 data 参数无关。

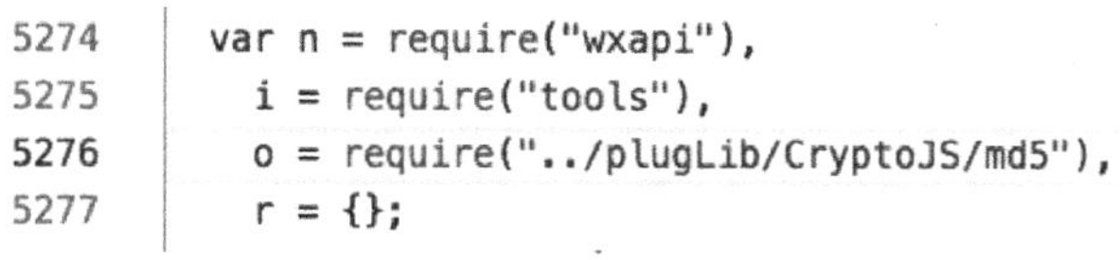

```
5274    var n = require("wxapi"),
5275      i = require("tools"),
5276      o = require("../plugLib/CryptoJS/md5"),
5277      r = {};
```

图 5-5　跳转到对应位置

app_key 和 app_id 可通过搜索关键字获得：

```
appconfig: {
    ios: {
    app_key: "747539d65cdbd5c5d9ac344×××××",
    app_id: "10011",
    "app_key.dts": "c40e2b3daa1f61847199×××××"
    },
    android: {
    app_key: "29b9b5abab071bddcdc68189×××××",
    app_id: "10012",
    "app_key.dts": "c40e2b3daa1f61847199cb35b7f×××××"
    }
},
```

下面写一个 Python 脚本来实现这个过程：

```
import requests
import time
import hashlib

import ujson

# 演示如何计算这个请求的 sign 值
# https://api.kuaidihelp.com/v1/inform_user/get_topic_list?sign
 =4119cadac3a564f61f21f7889178a191&ts=1532419476&app_id=10012

m = hashlib.md5()
#t = str(int(time.time()))
t = "1532419476"
app_key = '29b9b5abab071bddcdc×××××98b52dd'
app_id = '100×2'

f = t+app_key+"/v1/inform_user/get_topic_list"+app_id

m.update(f.encode('UTF-8'))
sign = m.hexdigest()

print(sign)
```

执行结果：

```
$ python3 calc-sign.py
4119cadac3a564f61f21f7889178a191
```

和我们抓取的请求的 sign（签名）相符。下面就来试试某快递 APP 内的 URL 请求是否可以使用这个 sign。

我们观察到某快递 APP 内的 app_id 的值是 10001，与小程序的 app_id 并不相同，那么是否可以移花接木呢？我们依然使用小程序的 app_id 和 app_key，然后请求某快递 APP 的 URL，写出如下代码：

```
import requests
import time
import hashlib
import ujson

headers = {
```

```
        'host': 'api.kuaidihelp.com',
        'pragma': 'no-cache',
        'cache-control': 'no-cache',
        'Content-Type': 'application/x-www-form-urlencoded;
        charset=UTF-8',
        'User-Agent': 'okhttp/3.6.0',
        }

    m = hashlib.md5()
    t = str(int(time.time()))

    app_key = '29b9b5abab071bddcdc××××98b52dd'
    app_id = '100×2'

    f = t+app_key+"/v1/nearby/getlist"+app_id

    m.update(f.encode('UTF-8'))
    sign = m.hexdigest()

    data = 'app_id=' + app_id+ '&ts=' + t + '&sign=' + sign +
'&data=%7B%22pr%22%3A%226%22%2C%22uid%22%3A%221341649%22%2C%22type%22%
3A%22cm%22%2C%22address%22%3A%22%E6%88%90%E9%83%BD%E5%B8%82%E6%A1%82%E
6%BA%AA%E8%A1%97%E9%81%93%E5%A4%A9%E5%BA%9C%E5%A4%A7%E9%81%93%E4%B8%AD
%E6%AE%B51282%E5%A4%A9%E5%BA%9C%E5%A4%A9%E5%BA%9C%E8%BD%AF%E4%BB%B6%E5
%9B%ADE%E5%8C%BA%22%2C%22lng%22%3A%22104.0687%22%2C%22lat%22%3A%2230.5
40348%22%7D'

    response =
requests.post('http://api.kuaidihelp.com/v1/nearby/getlist',
headers=headers, data=data)
    print(response.json())
```

执行后请求成功，说明小程序的 app_id 可以用到此 API 中。分析其背后的原因，猜测这个 app_id 仅仅是用来区分来源，并没有和 URL 的用途做绑定，所以能够成功完成请求。

至此，我们通过分析小程序的 sign 的生成方式，成功获取了我们所需要的数据。

4. 抓取某个城市的所有快递员信息

借助前面讲解的 API 请求，我们可以按照坐标的偏移来遍历整个城市区域。在

第 2 章中，我们是通过对多边形区域的遍历进行区域抓取的。这里我们也可以根据区域的边界划定范围后进行抓取，但有时候我们并不知道或者很难描绘这样的区域，下面提供第二种思路，通过地图供应商提供的行政区域接口（许多物流公司的投递区域都是按行政区域划分的）得到边界信息，快速生成边界，简化我们的手工操作。

用到的第三方库：

- 百度地图 JavaScript API
- simplify：http://mourner.github.io/simplify-js

百度地图 JavaScript API 中的 Boundary 函数提供的 get 方法可用于获取区域：

```
get(name: String, callback: function)
```

name：查询省、直辖市、地级市或县的名称。

callback：执行查询后，数据返回到客户端的回调函数，数据以回调函数的参数形式返回。返回结果是一个数组，数据格式如下：arr[0] = "x1, y1; x2, y2; x3, y3; ...", arr[1] = "x1, y1; x2, y2; x3, y3; ...", arr[2] = "x1, y1; x2, y2; ...", ...，否则回调函数的参数为 null。

通常使用这个接口后会得到非常多的点的信息，在修正边界时，点太多会很麻烦，而且后续爬虫在计算抓取位置时会有较大的负担。我们可以通过 simplify 这个库，对多边形进行简化：

```
const map = new BMap.Map("allmap", {
  enableMapClick: false
});
map.enableScrollWheelZoom();

function drawBoundary(areaName) {
  const boundary = new BMap.Boundary();
  boundary.get(areaName, rs => {
    const count = rs.boundaries.length;
    if (count === 0) {
      alert('未能获取当前输入区域');
      return;
    }

    let pointArray = [];
```

```
      for (let i = 0; i < count; i++) {
        // 将多边形转换成以{x,y}组成的数组，以便 simplify 库进行简化
        const points = new BMap.Polygon(rs.boundaries[i])
          .getPath()
          .map((p) => {
            return {
              x: p.lng,
              y: p.lat
            }
          });

        // 简化多边形区域，参数中的值可以根据实际情况进行修改
        // 值越小越精细，值越大越粗糙
        const simplified = simplify(points, 0.03)
          .map((p) => {
            return new BMap.Point(p.x, p.y);
          });

        // 设置多边形区域的样式
        const polygon = new BMap.Polygon(simplified, {
          strokeWeight: 2,
          strokeColor: "#ff0000",
          fillOpacity: 0.2,
          enableEditing: true
        });

        // 在多边形内部发生变化时输出更新后的多边形区域
        polygon.addEventListener("lineupdate", (e) => {
          let strArray = "";
          e.target.getPath()
            .forEach((i) => {
              strArray += `(${i.lng}, ${i.lat}),`
            })
          console.log(strArray);
        })

        map.addOverlay(polygon);
        pointArray = pointArray.concat(polygon.getPath());
      }
      map.setViewport(pointArray); // 调整视野，以便显示整个多边形区域
    });
  }
```

```
drawBoundary("成都市");
```

使用 live-server 启动后，在浏览器中打开调试控制台，执行的结果会输出到控制台中。注意，由于 lineupdate 事件会被多次触发，所以坐标以最后一次为准。

以成都市为例，简化后的边界信息代码如图 5-6 所示。在浏览器上可以拖动小方框调整位置。

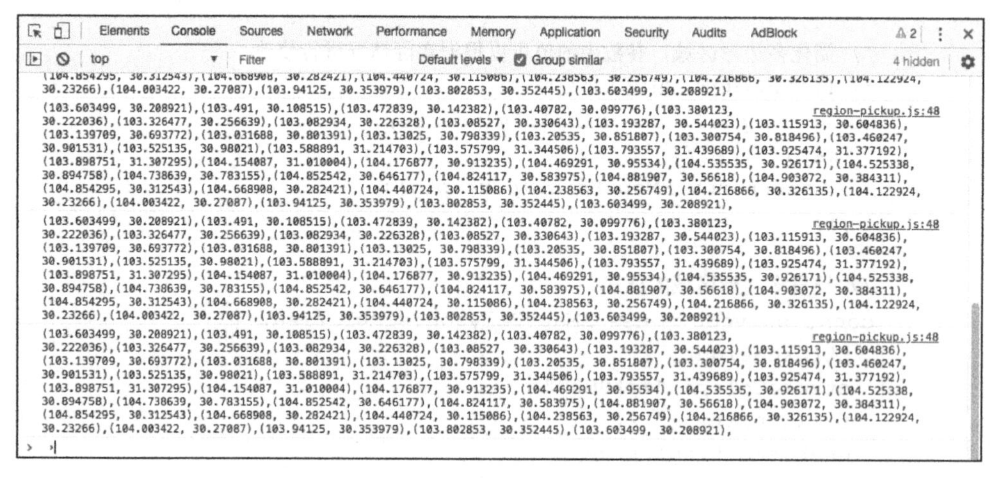

图 5-6　简化后的边界信息代码

如果要显示其他区域，就将代码 drawBoundary("成都市");中的城市名称改为想要的地名即可。

在控制台中，将输出的坐标文本复制到 constants.py 中，建立区域的一个映射关系，以便后续支持多个区域：

```
    cities = [
        {"city": "成都",
         "area": [(103.603499, 30.208921), (103.547198, 30.186135),
(103.491, 30.108515), (103.472839, 30.142382),
                  (103.443499, 30.129936), (103.47108, 30.124646),
(103.463511, 30.095031), (103.385131, 30.116308),
                  (103.378534, 30.233088), (103.327361, 30.238793),
(103.31988, 30.26641), (103.238207, 30.222069),
                  (103.082934, 30.226328), (103.08527, 30.330643),
(103.134351, 30.372668), (103.131055, 30.428238),
```

```
                (103.193287, 30.544023), (103.115913, 30.604836),
(103.139709, 30.693772), (103.031688, 30.801391),
                (103.079673, 30.820574), (103.13025, 30.798339),
(103.20535, 30.851807), (103.300754, 30.818496),
                (103.460247, 30.901531), (103.589446, 31.197274),
(103.575799, 31.344506), (103.662143, 31.355974),
                (103.78432, 31.437103), (103.902214, 31.423741),
(103.930618, 31.353762), (103.898751, 31.307295),
                (103.953538, 31.203685), (104.020282, 31.171487),
(104.026925, 31.110002), (104.171913, 30.998179),
                (104.15499, 30.920109), (104.327167, 30.898297),
(104.431929, 30.949741), (104.51721, 30.942042),
                (104.546787, 30.885509), (104.708347, 30.829774),
(104.719475, 30.782221), (104.852542, 30.646177),
                (104.822339, 30.592973), (104.869338, 30.590704),
(104.898953, 30.547422), (104.880571, 30.442431),
                (104.903072, 30.384311), (104.844781, 30.366716),
(104.854295, 30.312543), (104.642818, 30.277154),
                (104.658844, 30.256032), (104.605605, 30.250194),
(104.547301, 30.190119), (104.505976, 30.197752),
                (104.43769, 30.095263), (104.391817, 30.167676),
(104.249111, 30.249392), (104.239151, 30.318236),
                (104.198129, 30.336549), (104.132101, 30.233425),
(104.013764, 30.269568), (103.947325, 30.365254),
                (103.90192, 30.337982), (103.802853, 30.352445),
(103.688478, 30.277363), (103.658788, 30.205497),
                (103.603499, 30.208921),
                ]}
    ]
```

在爬虫中先读取边界信息，然后逐点遍历，根据电话号码建立索引，最后导出到一个 JSON 文件。

```
    import datetime
    import hashlib
    import logging
    import os
    import time
    import ujson
    from concurrent.futures import ThreadPoolExecutor

    import arrow
```

```
import numpy as np
import requests
from shapely.geometry import Polygon, Point
from constants import cities


from modules.proxyprovider import SequenceProxyProvider

# 初始化日志模块
logger = logging.getLogger()
logger.setLevel(logging.INFO)

ch = logging.StreamHandler()
formatter = logging.Formatter('%(asctime)s - %(levelname)s
- %(message)s:')
ch.setFormatter(formatter)
logger.addHandler(ch)


class Crawler:
    def __init__(self, ):
        self.reset()
        self.proxy_provider = SequenceProxyProvider(300)

    def reset(self):
        # 重新初始化
        self.all = {}
        self.start_time = datetime.datetime.now()
        self.total_loations_count = 0
        self.done_locations_count = 0

    def get_data(self, lng, lat, city):
        retry_count = 0
        while retry_count < 10:
            retry_count += 1
            proxy = self.proxy_provider.pick()
            try:
                self.proxy_provider.pick()

                headers = {
                    'host': 'api.kuaidihelp.com',
                    'pragma': 'no-cache',
```

```
                'cache-control': 'no-cache',
                'Content-Type': 'application/x-www-form-urlencoded;
                    charset=UTF-8',
                'User-Agent': 'okhttp/3.6.0',
            }

            query_data = self.build_request_body(lat, lng)

            resp = requests.post(
                'http://api.kuaidihelp.com/v1/nearby/getlist', head
                    ers=headers, data=query_data, verify=False,
                proxies={"http": proxy.url}, timeout=10)

            j = resp.json()

            for i in j['data']['result']:
                self.all[i['mobile']] = i

            logging.info(j)

            # 计算抓取速度
            self.calc_speed(city)

            proxy.success()
            return
        except Exception as ex:
            proxy.connection_error()

    def build_request_body(self, lat, lng):
        app_key = '29b9b5abab071bddcdc×××××98b52dd'
        app_id = '100×2'

        md5 = hashlib.md5()
        current_time = str(int(time.time()))

        # 计算加密数据
        encrypt_data = current_time + app_key + "/v1/nearby/getlist"
            +app_id
        md5.update(encrypt_data.encode('UTF-8'))
        sign = md5.hexdigest()
```

```
        data =
'&data=%7B%22lng%22%3A%22{0}%22%2C%22lat%22%3A%22{1}%22%2C%22pr%22%3A6
    %2C%22type%22%3A%22{2}%22%2C%22limit%22%3A100%2C%22uid%22%3A%223
    941030%22%7D'.format(
            lng,
            lat, 'cm')

        return 'app_id=' + app_id + '&ts=' + current_time + '&sign=' +
            sign + data

    def calc_speed(self, city):
        # 计算抓取速度

        self.done_locations_count += 1
        timespent = datetime.datetime.now() - self.start_time
        percent = self.done_locations_count / self.total_loations_count
        total = timespent / percent
        logging.info("{5} {0}% speed={1} total_got={4} total_time={2}
                remaing={3}".format(
            percent * 100,
            self.done_locations_count / timespent.total_seconds() *
                60,
            total,
            total - timespent,
            len(self.all.keys()), city))

    def start(self):
        threads = 100

        for item in cities:
            city = item['city']
            area = Polygon(item['area'])
            bounds = area.bounds  # 得到包含边界的最小矩阵区域

            offset = 0.005  # 遍历时选用的偏移量，值越小越精确，但速度越慢

            self.reset()

            logging.info("start crawling")
            with ThreadPoolExecutor(max_workers=threads) as executor:
                # 对最小矩阵区域中的每个点进行检查，若点位于要抓取的
                # 多边形区域内，则添加到队列中
```

```
                for lng in np.arange(bounds[0], bounds[2], offset):
                    for lat in np.arange(bounds[1], bounds[3], offset):
                        point = Point(lng, lat)
                        if area.contains(point):
                            self.total_loations_count += 1
                            executor.submit(self.get_data, lng, lat,city)

            self.dump_data(city)

    def dump_data(self, city):
        # 将数据存储到 JSON 文件中
        dirname = "./data/" + arrow.get().format("YYYY-MM-DD")
        os.makedirs(dirname, exist_ok=True)
        with open(dirname + "/{0}.json".format(city), "wt",
        encoding='UTF-8') as f:
            f.write(ujson.dumps(self.all, indent=2,
            ensure_ascii=False))


Crawler().start()
```

5.4　转换数据格式

我们得到的 JSON 文件包含了半结构化的信息，但某快递 APP 返回的信息比较整齐，可以方便地转换为 CSV 文件（以逗号分隔的文本文件）。前面我们并没有将信息直接转换成 CSV 格式，是因为抓取一次信息时间相对较长，将所有的信息先保存下来再进行处理，是一种更稳妥的方式。后续我们可以根据这个 JSON 文件进行转换、过滤等操作，而不用再去抓取。

在将 JSON 文件转换为 CSV 格式文件的过程中，我们应用了 dict-to-csv 这个库，安装方式以下：

```
pip3 install dict-to-csv
```

使用这个库可以方便地将文件转换为 CSV 格式：

```
import glob
import ujson
from dict_to_csv import transform
```

```
def to_csv(input, output):
    content = open(input, "rt", encoding='UTF-8').read()
    # 对输入的信息进行清洗，去掉一些不需要的回车符号
    j = ujson.loads(content.replace("\\r", '').replace("\\n", ''))

    # 转换成 CSV 格式的字符串
    transformed = transform(list(j.values()))
    with open(output, "wt", encoding='UTF-8') as f:
        f.write(transformed)


for file in glob.glob("./data/**/*cm.json"):
    print(file)
    to_csv(file,  file.replace(".json", ".csv"))
```

转换后的 CSV 格式文件可以导入数据库进行更多的分析或者进行可视化处理，这里不再赘述。

5.5 总结

本章通过对某快递 APP 的分析，得到了该快递签名的实现方法，从而对 API 进行请求。

我们在设计 API 的过程中，应牢记一件事，JavaScript 的程序几乎都可以进行逆向工程。因此将重要签名的生成算法放到前端进行计算时会很容易被逆向分析出来。

第 6 章

从数据到产品

6.1 从一张机票说起

机票价格总是处于上下波动当中，如果仔细观察可以发现，机票价格和飞行的距离、起飞时间、购票时间等都有一些关系。对价格敏感的群体，都期望能买到一张较为便宜的机票；对价格不太敏感的群体，则看重退改签等便利的服务。机票的价格波动是航空公司收益管理的重要的组成部分，也是航空公司实现收益最大化的一种方式。

对于个人来讲，在买机票一般会经历这样一个过程：

- 确定到达地点
- 确定出发日期
- 购买机票

在行程基本确定后，就开始跟踪机票的价格。例如，携程旅行、去哪儿旅行等 APP 上会提供不同出行时间的机票价格。假设要在国庆节附近出行，可以在携程网上看到 9、10 月份出行的价格。值得注意的是，这个价格会随着购票时间的推移而发生变化，2018 年 10 月份机票价格如图 6-1 所示。

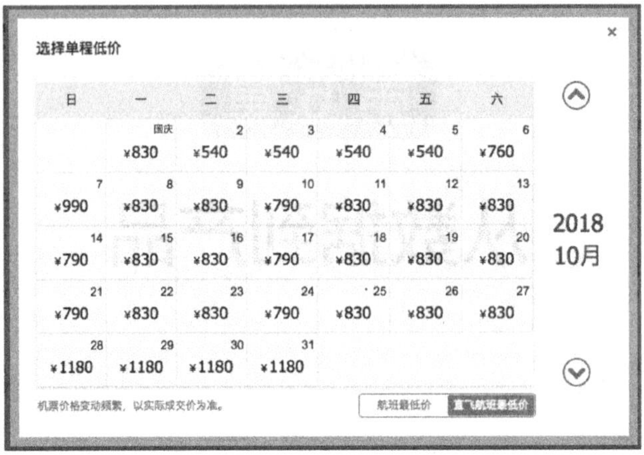

图 6-1　2018 年 10 月份机票价格

确定出发时间后，下一步就要确定什么时候买机票了。我们在网站上能够看到航班的各种信息，以及现在购票的价格。如图 6-2 所示，实时机票价格为 750 元，那么我们是购买呢，还是等等呢？

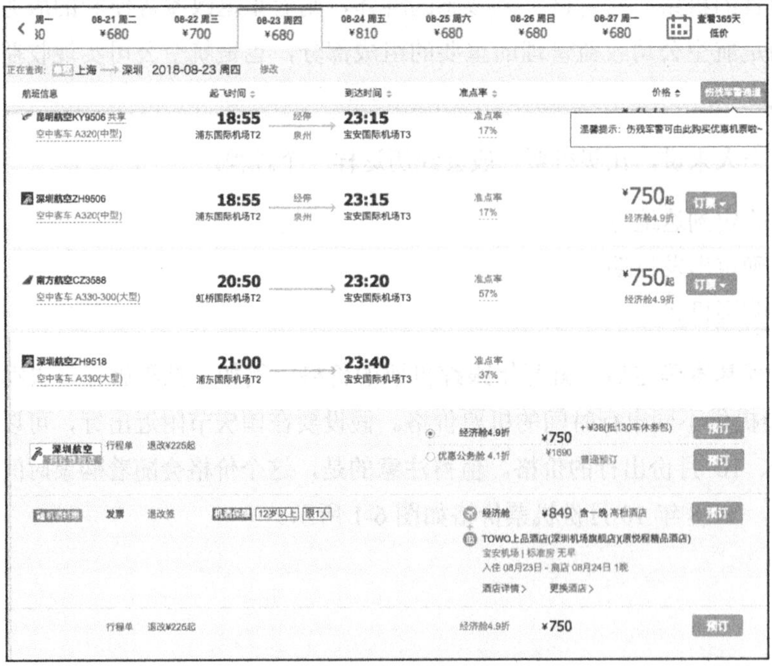

图 6-2　实时机票价格

一般来说，我们可以借助经验来回答这个问题。例如，去年同期的价格，或者连续记录一段时间（通常两三天）的价格，再看看近期价格的波动，然后决定买还是不买。如果是第一次买，没有历史数据可参考，这时就只能凭运气购票了。

是否有什么工具能够查询历史的票价或者推荐是否购票呢？这类工具还是比较多的，列举如下。

（1）FareCast

FareCast 是由奥伦·埃齐奥尼（Oren Etzioni）开发的一个机票预测网站。他最初利用一些旅游网站上采集到的数据进行机票的价格预测，通过一系列算法来回答“买还是不买”的问题。后来他建立了 FareCast 网站，对外提供机票预测服务，为消费者提供了更为精准的预测服务。

消费者可以在 FareCast 上以较低的价格锁定票价，当消费者买到更贵的机票时，FareCast 可以返还部分费用；当消费者买到更便宜的机票时，FareCast 不会退还这部分费用，从而赚取这部分费用。

通过精准的预测，FareCast 以这种商业模式运营，最终被微软以 1.1 亿美元收购。被微软收购后，FareCast 改名且并入 Bing 搜索引擎。

在技术论坛上，奥伦·埃齐奥尼发表了一篇论文，使得我们能够窥见早期的 FareCast 使用的 Hamlet（哈姆雷特）预测系统的一些算法。他对比了几种机器学习算法的预测准确性，这些研究为机票价格预测算法提供了理论基础。国内的机票预测软件“爱飞狗”产品背后的逻辑与之类似，只是进行了更多的优化。

（2）Kayak

Kayak（客涯）是一家美国旅游搜索引擎服务商，专注在线旅游。客涯在机票搜索时，会提示当前是否适合购买，并提供价格跟踪服务。用户只需提供电子邮件，就可以收到客涯的机票价格提示。该网站能够为大部分非国内航班提供购票建议，国内的航线暂时没有数据。

客涯只给出了这样一个提示，但没有提供数据作为支撑，因而其预测的结果往往只能作为一个参考，如图 6-3 所示。

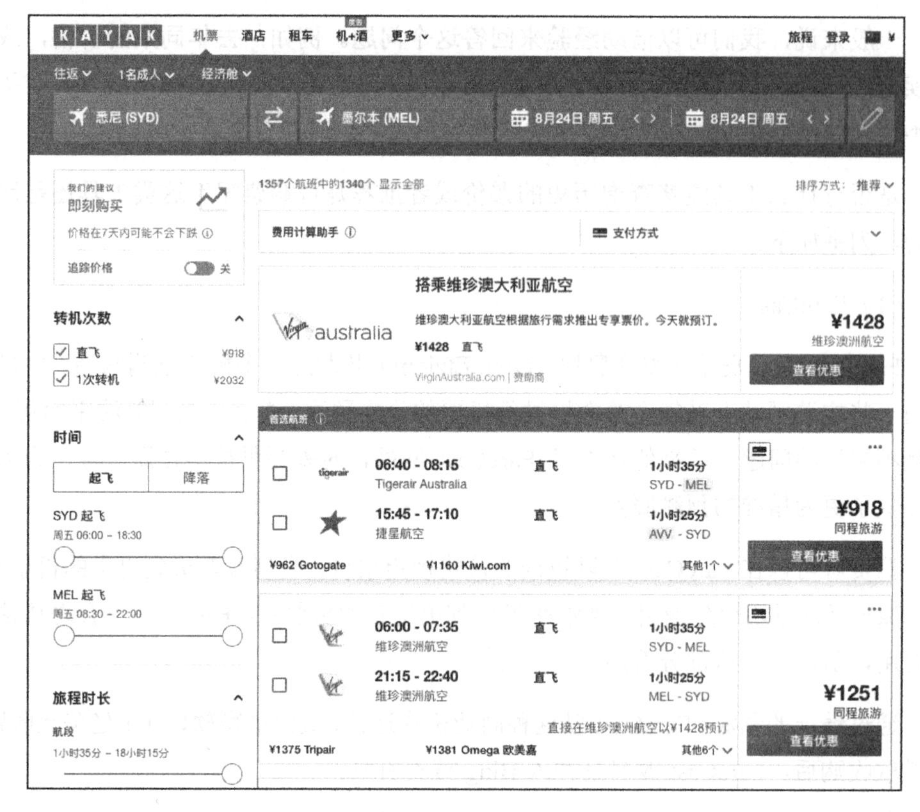

图 6-3　Kayak 网站

（3）Hopper

Hopper 创立于 2007 年，由 Expedia 前高管 Fred Lalonde 创办，总部位于魁北克的蒙特利尔，致力于为用户提供一个利用大数据进行机票价格预测和分析服务的移动服务。Hopper 为用户提供关于航班价格的必要信息，并在航班价格达到预测最低值时向用户推送通知信息，从而将移动端的用户转换成机票购买用户。

其商业模式是出售机票时向航空公司收取佣金，除此之外，Hopper 还会向用户收取每张票 5 美元的购票费用。相比平均节约 50 美元的费用，用户一般不介意这 5 美元的费用。但这一切都必须以一定的预测精准率作为基础，所以在技术上，Hopper 每天要分析数十亿航班价格，进行机票价格的预测，提高预测的准确率。

机票价格和价格预测如图 6-4 和图 6-5 所示。

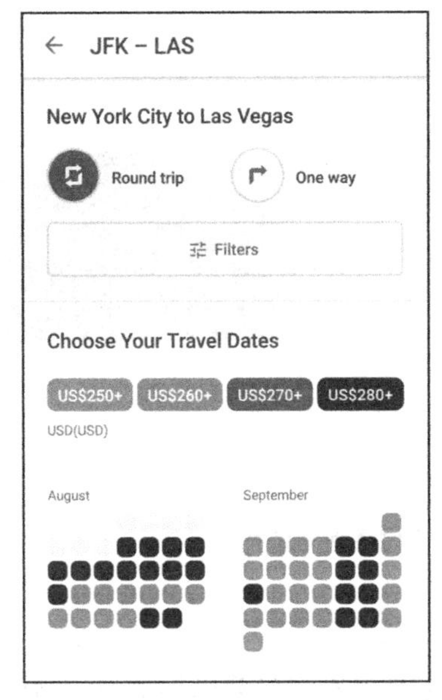

图 6-4　机票价格

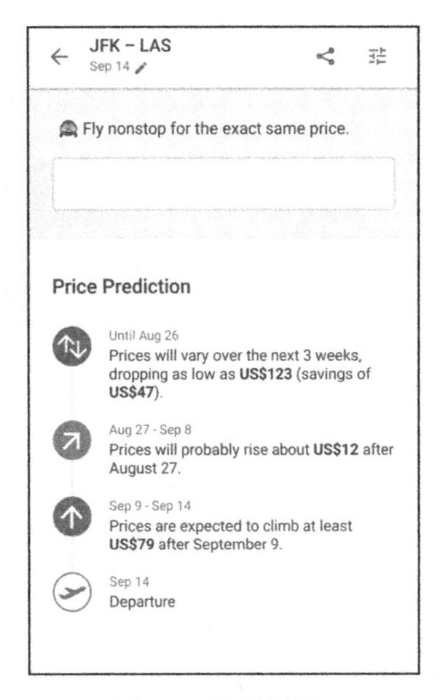

图 6-5　价格预测

虽然市面上有如此多的产品可供使用，但这些产品有一个共同的问题，即没有国内航线的数据。其原因可能是国内的机票数据全部由中国民航信息网络股份有限公司（简称中国航信，俗称中航信）统一管理，而这个系统的数据并没有开放给国外使用。另外，也有可能是这些网站合作的企业没有中国的航空服务公司。在这个背景下，几乎找不到公开的航班的历史价格数据。这就让我萌发了做一款针对国内市场的机票价格预测产品的想法。

6.2　从价值探索到交付落地

在构建产品之前，我们先来看一下构建产品所需要的理论知识。

产品从 0 到 1 的过程是一个从价值探索到交付落地的过程，在“精益思想”（即产品的最终价值由用户确定）的驱动下，整个过程可以用图 6-6 概括。

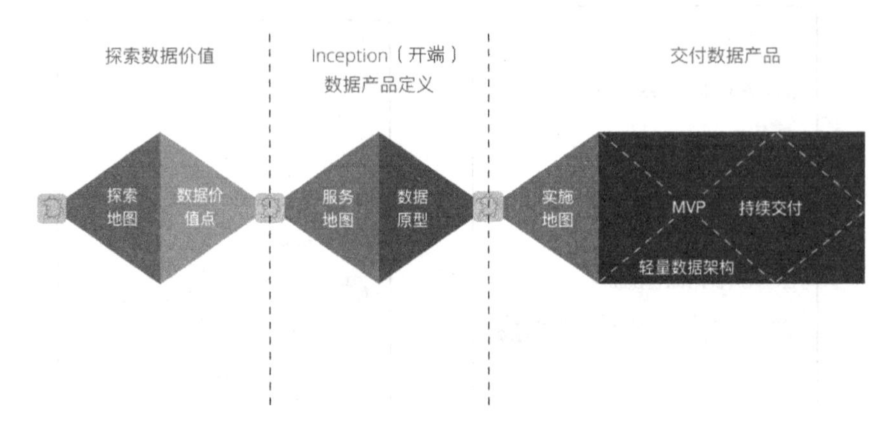

图 6-6 从价值探索到交付落地的过程

（1）探索数据价值

探索数据价值使用了“探索地图”这个工具来发现“数据价值点”。探索地图是根据我们整理出的现有的数据，通过数据分析、可视化等手段找到数据价值可能产生的方向，通过头脑风暴等形式列举数据可能的价值。

在这个过程中需要根据具体的业务，与业务人员共同探讨确认所发现的价值。

（2）数据产品定义

Inception（开端）是 ThoughtWorks 多年以来使用的启动软件设计和交付项目的方法，通过几天到两周的时间，采用集中式、互动式的设计工作坊，帮助客户在最短时间内达成对项目范围的一致，快速进入项目交付。

在数据产品创新的过程中，借助 Inception 可以帮助我们构建服务地图，找到价值最高的部分。通过快速对数据原型（原型系统）构建，可以快速看到数据是如何产生价值的。

（3）交付数据产品

在之前的环节中，我们已经明确了数据的价值以及能够产生的服务。在这个阶段，通过实施地图对产品进行整体规划，找到 MVP 阶段和持续交付阶段需要做的功能和服务。

MVP 阶段需要快速上线最小可行产品，通过轻量级的数据架构对整体的技术架构、业务架构进行搭建，力求以精益的方式快速开发产品并上市，抢得市场先机。

MVP 阶段后是持续交付阶段，在这个阶段将收集用户的需求，从用户行为数据中挖掘出用户的行为，持续地优化产品和技术，使产品不断地向更好的方向发展。

6.3　数据抓取

要想对机票的价格变化规律进行研究，我们需要从各大机票代理商、各大航空公司官网等公开渠道采集价格数据并进行存储。由于机票的价格和时间具有较强的关联性，而且变动比较频繁，所以需要较长时间的抓取和较高的更新频率。根据这些需求，可以整理出以下几个目标：

- 连续采集一年以上的机票价格信息。
- 对各数据源进行采集，防止数据源失效（包括数据源停止、反反爬虫导致成本过高等），保障研究的延续可行。
- 采集全国近 3000 条直飞的航班数据。对于需要中转的航线，由于价格会由于中转地、停留时间的不同而不同，即价格影响因素过多，所以不予考虑。
- 采集每条航班距离起飞 45 天内的数据。例如，对 2018 年 10 月 1 日起飞的 CA4312 航班，从 8 月 17 日开始采集到 10 月 1 日，这样就可以得到起飞前航班价格的变化情况。选择 45 天（1.5 个月）是因为航班价格在大于 1 个月以上时基本会保持一个相对平稳的价格，而在 45 天左右会进行价格调整。
- 低成本：采用低成本的方案进行数据抓取，避免成本过高

6.4　爬虫架构设计

由于需要长时间的抓取，所以建议设计一套行之有效的架构来支撑。按照“奥卡姆剃刀原理”（即如无必要，勿增实体），我们“避繁逐简”地尽量实现一个简单的架构，架构各部分之间需要松耦合，尽量减少相互依赖。整个机票数据爬虫架构示意图如图 6-7 所示。

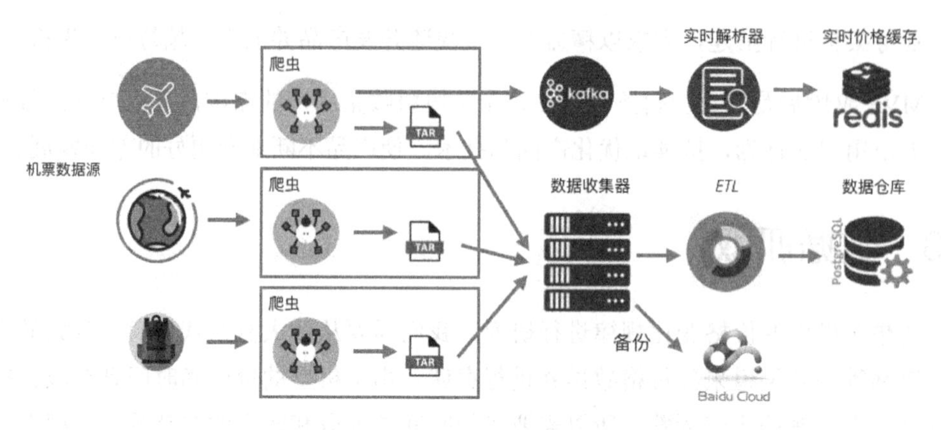

图 6-7 机票数据爬虫架构示意图

1. 数据源

图 6-7 最左侧是数据源，获取数据的方式可以是访问网站的页面，也可以是发起 API 请求。

2. 爬虫

每个爬虫都是针对数据源定制的爬虫。大部分数据源的抓取通过 Python 的 requests 框架即可完成，不采用现成框架（例如 Scrapy），以便保持最佳的性能。我们可以针对每个数据源采用最优的方式进行优化。多个数据源可以直接找到 API 进行调用，这样得到数据的方式最快，而且返回的数据通常都是 JSON 这种半结构化的数据，易于后期处理。结合前面提到的代理池技术，使用线程池可以进行并发控制，充分挖掘单机的性能。

爬虫会对抓取的数据进行简单的解析，以判断数据是否合乎规律。通过匿名代理获取的数据在某些时候会被代理插入一些“脏数据”，导致数据不可用。爬虫会用 ujson.loads 方法将抓取的 JSON 格式的数据进行一次加载，确保数据是完整的。选择 ujson 的原因是，相对于 Python3 提供的原生的 JSON 模块，ujson 的性能更好，可以满足单核处理器在并发状态下的效率问题。对于 HTML，通常的做法是检测是否有一些关键字存在（例如，网站的标题等），以便快速确认数据的合法性。

对抓取到的数据，爬虫并不会立刻进行解析，而是将原文保存到一个 tar.xz 的压缩文件中。压缩包以抓取的开始时间命名，以便于区分，压缩包内部的文件使用“数据源—出发地机场编码—到达地机场编码—出发时间—抓取时间”命名。使用 tar.xz 是由于 Python3 原生支持这个压缩算法，并且在压缩、解压缩性能以及压缩率方面，比 gzip 和 bzip2 有优势。

注意，这里并没有使用数据库，因为文件系统作为数据库已经能满足存储的需求了。使用数据库进行存储的缺点如下：

- 增加依赖，需要维护好爬虫和数据库两个系统，系统的鲁棒性会降低。
- 对数据库的依赖会导致数据量过大时插入性能降低。
- 灾难发生时恢复时间更长。数据库的二进制文件格式同样不利于灾难恢复。
- 导入导出数据不方便。

使用文件系统的优势如下。

（1）易于数据迁移

每次抓取的数据都是一个几十兆的压缩包，里面包含十几万个小文件。通过 rsync 命令可以非常方便地将远端服务器的文件同步到本地。分散的文件也方便存储在不同的区域，实现存储的最佳化。与数据库存储相比，当数据库超过单个分区的容量时，必须进行数据库的迁移或者分区扩容，而使用文件形式可以很方便地将新的文件迁移到另一个分区。

（2）易于清理空间

由于服务器空间有限制，因此必须定期清理空间。文件系统可以使用 Linux 原生命令行，非常方便。例如，要清理 30 天前的数据，只需使用 find . -type f -mtime +30 -delete 命令即可，比在数据库中进行删除操作要方便得多。

（3）易于数据恢复

如果单个压缩包损坏，可以直接丢弃，不会有太大影响，而数据库如果崩溃，则可能需要烦琐的修复过程。某些损坏的情况可以直接强制解压，得到部分数据，减少损失。

（4）易于查看

压缩包有现成的方式进行查看，在跨平台的场景下不会遇到任何问题。数据库可能会因为数据库版本、结构不一致等问题使得数据无法查看。另外，数据库中存储的数据导入、导出都需要使用 SQL 语句，会产生非常多的额外数据。

3. 数据收集器

因为虚拟主机的空间有限，所以需要定期清理数据，并存放到本地存储。这个任务相对比较简单，通过 rsync 命令即可完成：

```
while :
do
    rsync -avr --progress root@cloudhost1:/data/ ~/data
    rsync -avr --progress root@cloudhost2:/data/ ~/data
    rsync -avr --progress root@cloudhost3:/data/ ~/data
    sleep 8h
done
```

数据清理则在云端利用 cron 调用一个脚本完成，可清理存储时间超过 3 天的数据，因为这些数据通常都已经同步到本地，可以安全地删除。由此也可以看到采用文件系统的长处：

```
#!/usr/bin/env bash

set -e
find . -mtime +3 -type f -delete
```

4. 备份

将文件同步到本地后，为了防止数据丢失，我们会对数据进行多重备份。

- 本地另一块磁盘：使用 rsync 命令即可方便同步。
- 百度云：百度云提供了相对廉价的备份方案。如果是在 Windows 主机上，可以通过百度云客户端提供的同步功能进行。如果是在 Linux 主机上，则可以使用 BaiduPCS-Go 这个第三方命令行工具进行同步。

```
while :
do
    BaiduPCS-Go upload /home/user/data/ /data/
    sleep 4h
done
```

需要注意的是，BaiduPCS-Go 并不是官方提供的版本，随时有可能无法使用。当第三方工具失效时，可选方案如下：

- 在 Linux 主机上安装 Wine，然后再安装百度云客户端。但这种方式用户体验不好，无法在无屏显的服务器上进行备份。
- 在 Linux 主机上安装 Windows 虚拟机，再运行百度云客户端。这种方式对机器的性能要求比较高，同样也无法在无屏显的服务器上进行备份。

5. ETL

ETL 是数据抽取（Extract）、数据转换和加工（Transform）以及数据装载（Load）三个英文的首字母。在该架构中，ETL 负责读取压缩包内的数据，解析其中的原始文件，然后再将数据插入 PostgreSQL 数据库中。

面对大量的数据，由于我们考虑低成本的场景，因此通常是在单机环境中执行 ETL，ETL 的步骤的效率至关重要。在对比 Java、Python3 写的解析器后，可以观察到，Python3 写的解析器的效率不到 Java 的 10%，这是因为 Python 是一门解释性语言，使用 PyPy 加速的效果也不理想，所以综合对比后，还是采用 Java 写的解析器。

为什么不用 C++写呢，C++的执行效率会更高。理论上是这样的，但 Java 的效率已经十分接近 C++，并且从开发的便捷性而言，Java 更胜一筹。

如果采用多机的方案，则可以采用 Kafka 进行压缩包的分发，然后在每个节点上进行解析。将解析后的数据再插回 PostgreSQL 数据库中。因为我们处理的数据量为 20TB，任务相对简单，因此这里不建议使用更为复杂的架构，例如 Hadoop 等。

多机并发处理如图 6-8 所示。

6. 实时解析器

实时解析器是一个可选的组件，主要作用是为小程序的前端的价格展示提供接近实时的价格来源。

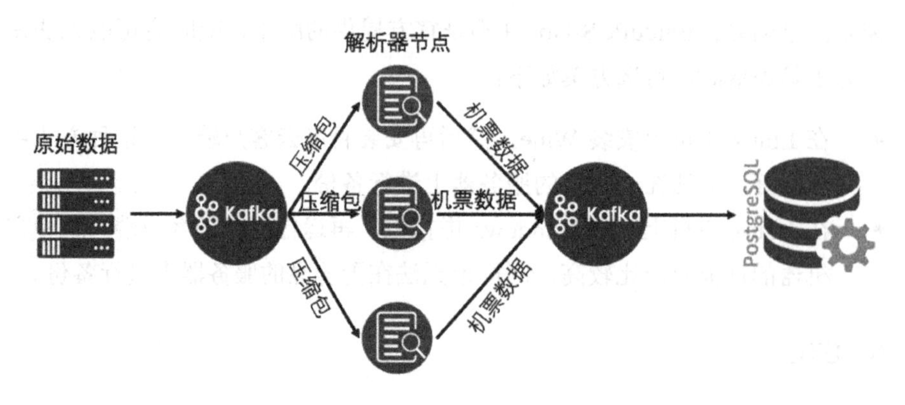

图 6-8　多机并发处理

爬虫抓取到数据后，会发送到 Kafka 中进行存储、分发。解析器会从 Kafka 中读取原始数据，然后进行解析。解析后的数据放到 Redis 缓存中。这样，在前端显示价格时，可以直接从 Redis 缓存中拿到最新的价格数据，而不用请求原始数据源。

7. 监控和告警

爬虫的长期可用性对这个项目而言十分重要，爬虫失效后的通知及修复也是运维中比较重要的一环。在这个项目中，我们使用 InfluxData 公司的一系列产品进行监控和告警。

（1）InfluxDB

InfluxDB 是时间序列数据库，架设 InfluxDB 相对较为简单，如果使用 Docker 进行部署，则只需执行以下命令即可得到一个可用的数据库：

```
docker run -p 8086:8086 \
     -v $PWD:/var/lib/influxdb \
     influxdb
```

InfluxData 公司对各种语言的客户端都提供了良好的支持。

在这个项目中，重点需要监控爬虫的抓取速度以及可用的代理数量。在爬虫的源码中，只需加入一些代码即可完成这个功能，例如：

```
now = datetime.datetime.now()

# 每隔 5s 发送一次监控数据
```

```
if (now - self.last_report_time).total_seconds() > 5:
    self.last_report_time = now
    try:
        if self.influx != None:
            json_body = [
                {
                    "measurement": 'tickets',
                    "tags": {
                        "crawler": self.name
                    },
                    "time": self.get_timestamp(),
                    "fields": {
                        "speed": speed,
                        "proxycount": proxycount
                    }
                }
            ]

            self.influx.write_points(json_body)
    except Exception as ex:
        logging.error("Influx connection error:", ex)
```

在这个代码中，每隔 5s 发送一次监控数据，包括 speed（速度）和 proxycount（可用代理数量）。由于 Influx 是可选组件，因此它的失效不会带来全局失效，所以可以使用 try…except 对异常进行拦截。

（2）Chronograf 和 Kapacitor

Chronograf 可以对数据做一些基础的分析及展示，主要用到的模块是 Dashboard（仪表盘）。通过仪表盘我们可以方便地看到所收集的 InfluxDB 中的数据。图 6-9 展示的是爬虫的速度曲线。

Kapacitor 告警设置本来是一个比较烦琐的过程，但结合 Chronograf 的图形界面，可以方便地进行告警的设置。例如，当抓取速度小于一个特定值时，发送电子邮件。这样我们就可以比较及时收到告警信息，第一时间进行处理。除了电子邮件，Kapacitor 还可以设置许多其他种类的告警，以满足不同的需求，Kapacitor 告警设置如图 6-10 所示。

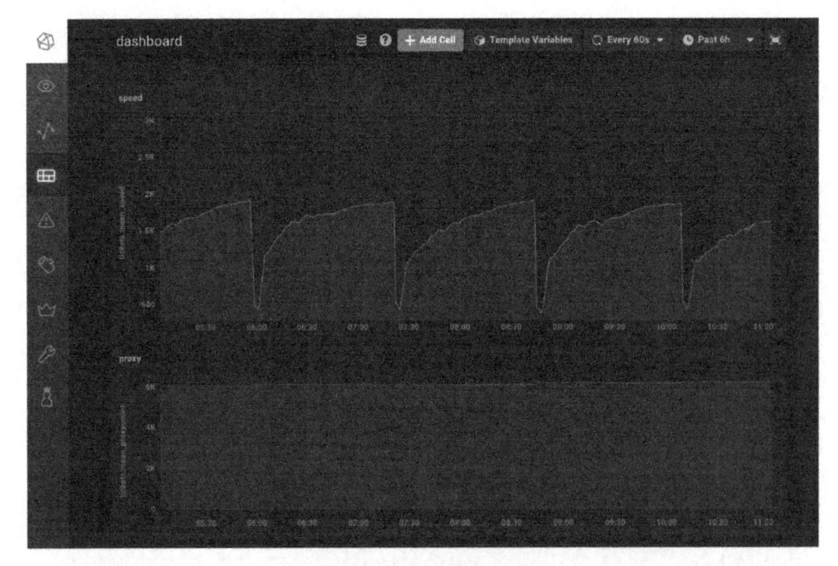

图 6-9　爬虫的速度曲线

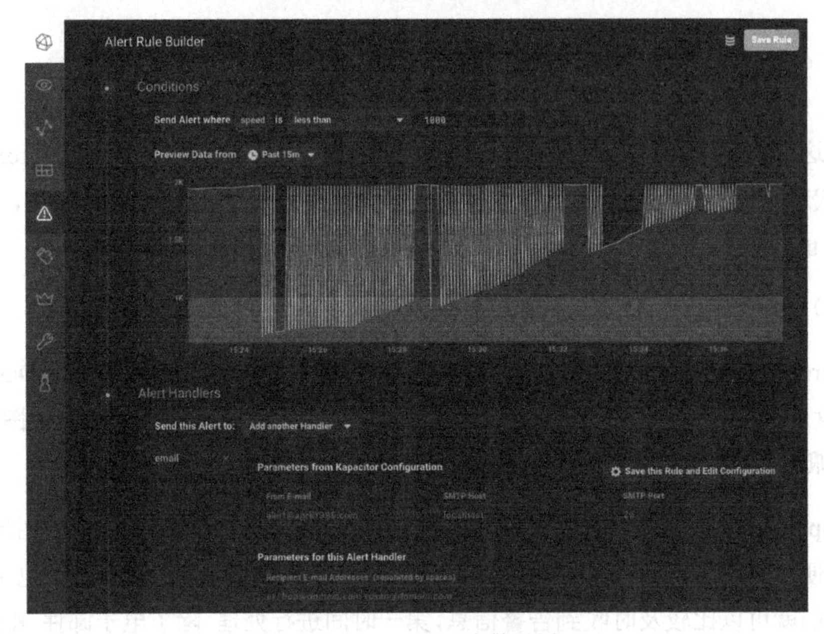

图 6-10　Kapacitor 告警设置

8. 总结

该项目在这套框架的支持下已经平稳运行两年多，由于网站改版等原因短暂中断过几次，但很快就恢复了。因为存储了原始的格式，所以只需修改解析器即可再次解析，不会造成数据中断。

6.5　发现数据的价值

将抓取的原始数据完全解析存储到数据库中，会消耗大量的存储资源，并且查询效率会非常低，因而必须要做一些优化：

- 通过观察机票价格变化的频率，可以发现，获取早上 7 点、中午 12 点以及晚上 6 点的数据进行数据处理即可满足大多数数据分析及产品运营的需求，这样便极大地减少了运算量、存储以及查询消耗。
- 因为大量的查询都是查询某天起飞的飞机的历史价格，所以导入数据时应按照起飞时间而不是抓取时间进行分表。ETL 随时可解析出航班的起飞日期，然后插入不同的表中。

下面我们将通过数据分析来回答一些常见的问题。

例如，北京到广州的航班。

国航：最早起飞的 CA1321，中午起飞的 CA1315，晚上最后一班的 CA1319。

南航：最早起飞的 CZ3166，中午起飞的 CZ3112，晚上最后起飞的 CZ3000

价格：观察起飞前 45 天的价格，并且每天都记录一次

时间区间：2017 年 1 月 1 日至 2018 年 1 月 1 日。

注意，下面的结论只适用于特定航线，我们先从特定航线的结论中总结出一些规律，然后再扩大到更多的航线中。

（1）提前多久能买到最便宜的机票？

要凭空回答这个问题相对比较困难，因为机票的定价是一个非常复杂的、动态的、选择的过程，而且定价由各种因素组合而成。我们买机票也不是一个高频的事件，所以当你需要买机票的时候，很可能观察一两天然后就购买。由于信息不对称，我们根本不知道当前是否是最佳购票时机，买了以后很可能又降价两三百块钱。对于家庭出游而言，好几百块钱的成本不应忽视。但在大数据面前，我们可以将机票

价格变化规律可视化显示出来，这样就会发现一些购票的秘密。

首先，我们将机票的价格数据载入内存。注意，这里没有载入价格数据，而是采用了折扣这个归一化的方式进行，以便对不同航班进行对比。

```
    import pandas as pd
    import datetime
    import arrow
    import psycopg2

    airline = "CA1321"
    depart_code = "PEK"
    arrive_code = "CAN"
    whole_year_dict = {}
    with psycopg2.connect(database="db", user='derekhe', password='',
host='localhost') as cnx:
        depart_date = datetime.datetime(2017, 1, 1)
        while depart_date < datetime.datetime(2018, 1, 1):
            with cnx.cursor() as cursor:
                table_name = "depart_" + depart_date.strftime("%Y%m%d")

                table_query = '''select crawldate, discount from {0} WHERE
flightno = '{1}' AND departcity='{2}' AND arrivecity='{3}' ORDER BY
crawldate'''.format(
                    table_name, airline, depart_code, arrive_code)

                cursor.execute(table_query)

                # 查询并转换为词典，键是起飞时间，值是一个元组，
                # 包含距离起飞的天数和折扣
                whole_year_dict[depart_date] = list(map(lambda x: (
                    (depart_date.date() - x[0]).days, x[1]),
cursor.fetchall()))
            depart_date += datetime.timedelta(days=1)

    keys = list(sorted(whole_year_dict.keys()))

    d = pd.DataFrame(columns=range(0,45))
    rows = []
    for k in keys:
        for v in whole_year_dict[k]:
            days_to_leave = v[0]
```

```
        discount = v[1]
        d.loc[k, days_to_leave] = discount

d_table = d.fillna(method='bfill')
d_table
```

输出结果如图 6-11 所示。

	0	1	2	3	4	5	6	7	8	9	...	36	37	38	39	40	41	42	43	44	45
2017-01-01	NaN	95	95	100.0	95.0	48.0	48.0	48.0	48.0	48.0	...	40.0	40.0	40.0	40.0	40.0	30	61	40	40	40.0
2017-01-02	NaN	95	95	95.0	100.0	99.0	58.0	58.0	58.0	48.0	...	30.0	30.0	30.0	30.0	30.0	30	61	40	40	40.0
2017-01-03	NaN	95	95	95.0	95.0	100.0	95.0	72.0	58.0	58.0	...	40.0	40.0	40.0	40.0	40.0	40	61	40	40	40.0
2017-01-04	NaN	95	95	95.0	95.0	95.0	100.0	77.0	58.0	58.0	...	40.0	40.0	40.0	40.0	40.0	40	40	40	40	40.0
2017-01-05	NaN	95	95	95.0	95.0	95.0	95.0	100.0	95.0	58.0	...	40.0	40.0	40.0	40.0	40.0	40	40	40	40	40.0
2017-01-06	NaN	95	95	95.0	77.0	77.0	77.0	77.0	81.0	77.0	...	40.0	40.0	40.0	40.0	40.0	40	40	40	40	40.0
2017-01-07	NaN	95	95	95.0	77.0	77.0	77.0	77.0	77.0	81.0	...	40.0	40.0	40.0	40.0	40.0	40	40	40	40	40.0
2017-01-08	NaN	95	95	95.0	77.0	77.0	77.0	77.0	77.0	81.0	...	71.0	71.0	71.0	71.0	71.0	71	71	71	71	71.0
2017-01-09	NaN	95	95	95.0	95.0	77.0	77.0	77.0	77.0	77.0	...	81.0	81.0	71.0	71.0	71.0	71	71	71	71	71.0
2017-01-10	NaN	95	95	95.0	95.0	95.0	95.0	77.0	77.0	77.0	...	71.0	71.0	71.0	71.0	71.0	71	71	71	71	71.0
2017-01-11	NaN	95	95	95.0	95.0	95.0	95.0	77.0	77.0	77.0	...	71.0	71.0	71.0	71.0	71.0	71	71	71	71	71.0
2017-01-12	NaN	100	95	95.0	95.0	95.0	86.0	77.0	77.0	77.0	...	61.0	71.0	71.0	71.0	71.0	71	71	71	71	71.0
2017-01-13	NaN	100	100	95.0	95.0	86.0	82.0	82.0	86.0	77.0	...	61.0	61.0	71.0	71.0	71.0	71	71	71	71	71.0
2017-01-14	NaN	100	100	100.0	86.0	91.0	95.0	95.0	81.0	77.0	...	61.0	61.0	61.0	71.0	71.0	71	71	71	71	71.0
2017-01-15	NaN	100	100	100.0	81.0	77.0	77.0	77.0	77.0	77.0	...	61.0	61.0	61.0	61.0	71.0	71	71	71	71	71.0
2017-01-16	NaN	100	100	100.0	100.0	100.0	95.0	95.0	95.0	95.0	...	61.0	61.0	61.0	61.0	61.0	71	71	71	71	71.0
2017-01-17	NaN	100	100	100.0	100.0	100.0	100.0	95.0	95.0	95.0	...	71.0	61.0	61.0	61.0	61.0	61	71	71	71	71.0
2017-01-18	NaN	100	100	100.0	100.0	100.0	100.0	100.0	95.0	95.0	...	61.0	61.0	61.0	61.0	61.0	61	61	71	71	71.0
2017-01-19	NaN	100	100	100.0	81.0	81.0	81.0	81.0	81.0	77.0	...	71.0	71.0	71.0	71.0	71.0	71	71	71	71	71.0
2017-01-20	NaN	100	100	100.0	81.0	81.0	81.0	81.0	81.0	100.0	...	71.0	71.0	71.0	71.0	71.0	71	71	71	71	71.0

图 6-11　输出结果

下面用热图的方式将一年的机票价格展示出来：

```
import matplotlib.pyplot as plt
import seaborn as sns

f, ax = plt.subplots(figsize=(20, 100))
cmap = sns.color_palette("Blues")
fig = sns.heatmap(d_table, annot=False, fmt="d", linewidths=.5, ax=ax, 
cmap=cmap, cbar=False)
fig.get_figure().savefig('./out/%s.png' % airline, 
bbox_inches='tight')
plt.show()
```

CA1321 的机票价格变化情况的部分时间段热图如图 6-12 所示。每一行代表特定出发日期的价格变化。例如，第一行代表 2017 年 12 月 2 日起飞的航班的机票价格的变化。在这一行中，左边离出发日期近，右边离出发日期远。第一个方块代表距离出发日期 0 天（当天）的机票价格，第二个方块代表距离出发日期 1 天的机票价格，以此类推，最后一格表示 45 天前的价格。颜色越深代表价格越高，颜色越浅代表价格越低。

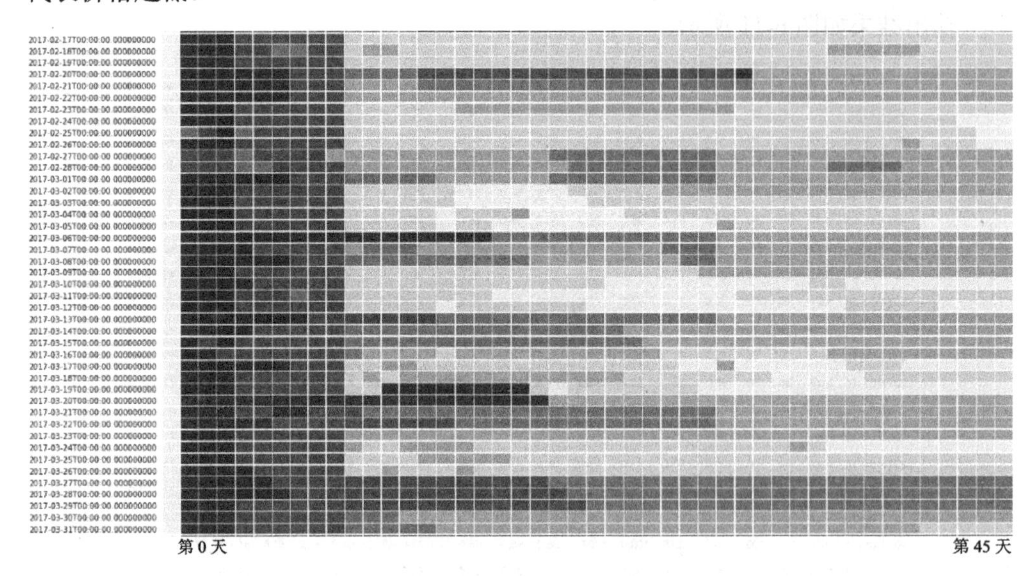

图 6-12　部分时间段热图

全年热图 6-13 所示。从图 6-13 上可以看到一些深色、浅色的分界线，这些分界线就是价格调整的时刻。我们可以使用差分的方式将价格调整展示出来，方便观察。

```
    diff_table = d_table.diff(periods=-1, axis=1)
    diff_table

    cmap = sns.diverging_palette(220, 10, as_cmap=True)
    f, ax = plt.subplots(figsize=(20, 100))
    fig = sns.heatmap(diff_table, cmap=cmap, annot=False, linewidths=.5,
ax=ax, center=0,  cbar=False)
    fig.get_figure().savefig('./out/%s-diff.png' % airline,
bbox_inches='tight')
    plt.show()
```

全年价格差值如图 6-14 所示。

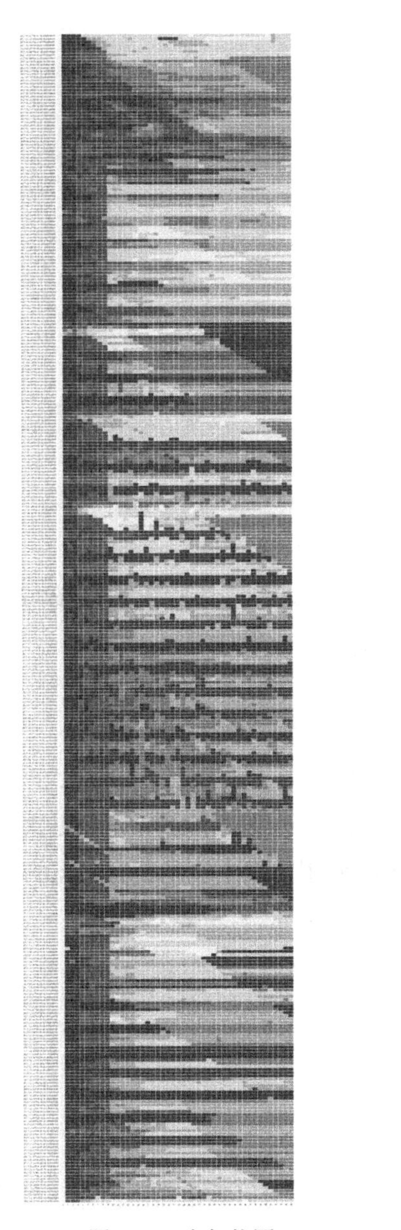

图 6-13　全年热图

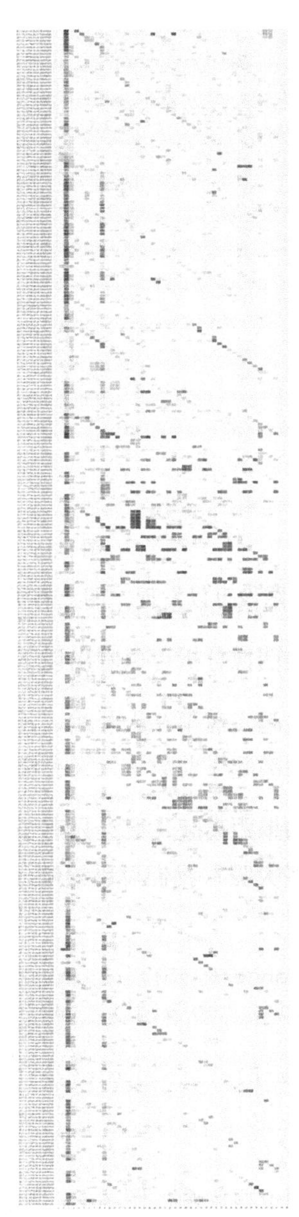

图 6-14　全年价格差值

部分时间段价格差值如图 6-15 所示。

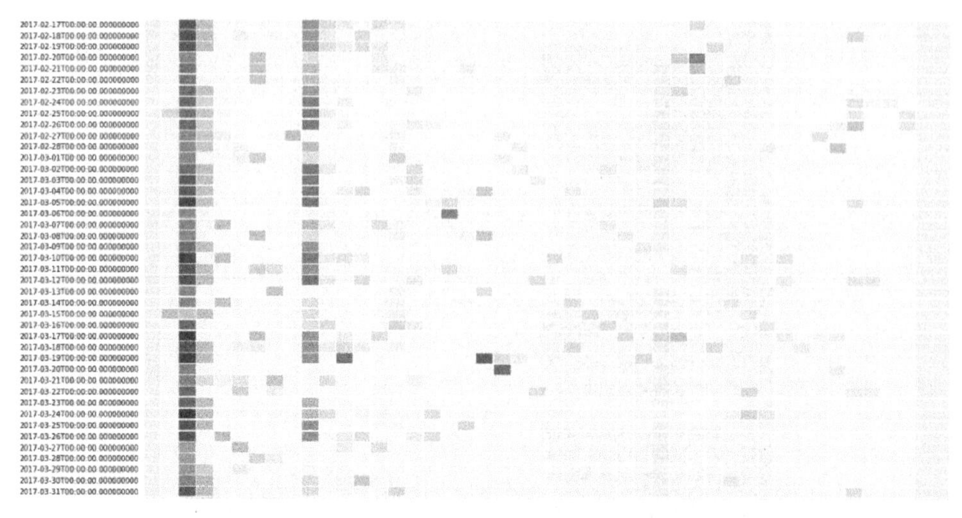

图 6-15 部分时间段价格差值

观察差分图像可以发现，图上有纵向连续的方块，表明调价几乎在同一天发生。

综合这些图像分析可以看出以下一些规律：

- 距离起飞前第 9 天开始，几乎所有的航班都开始涨价。
- 到距离起飞前第 3 天又会涨价一次。

所以，如果距离起飞已经只有 10 多天了，请赶紧购买，涨价是大概率的事情。具体概率有多大呢？我们可以绘制一张概率图，横坐标是距离起飞的天数，纵坐标是概率：

```
x=list(range(0,45))
y=[len(diff_table[diff_table[i] > 0])/len(diff_table) for i in x]

import matplotlib.pyplot as plt
plt.ylim(0,1)
plt.bar(x,y)
```

输出的调价概率图如图 6-16 所示，从图上可以看出在距离起飞的第 29 天、第 14 天、第 9 天、第 2 天和第 1 天，该航班的提价幅度比较大。

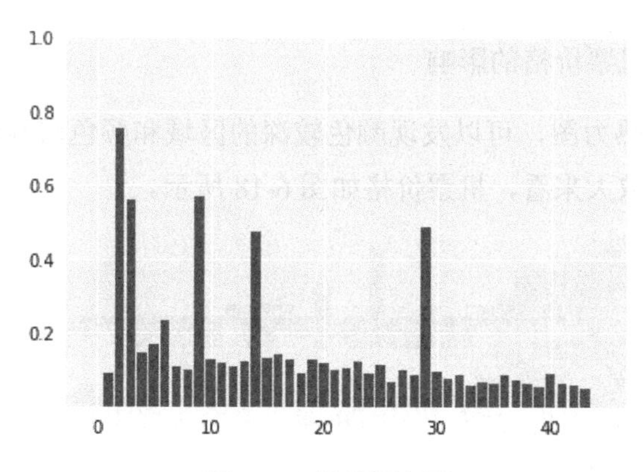

图 6-16 调价概率图

如果将全年的价格图缩小，会发现一些特别明显的倾斜的分界线，这些分界线代表了在某一天统一调整了一个月的机票的价格，如图 6-17 所示。

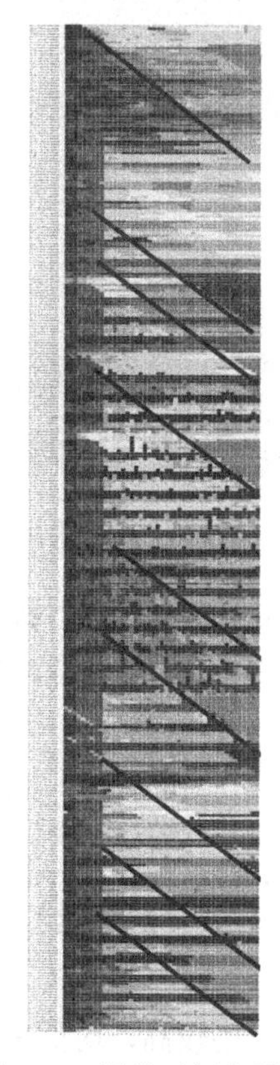

图 6-17 调价时间点展示

（2）工作日对机票价格的影响

再次分析价格热力图，可以发现颜色较深的区域和颜色较浅的区域出现得十分有规律。这些区域放大来看，机票价格如图 6-18 所示。

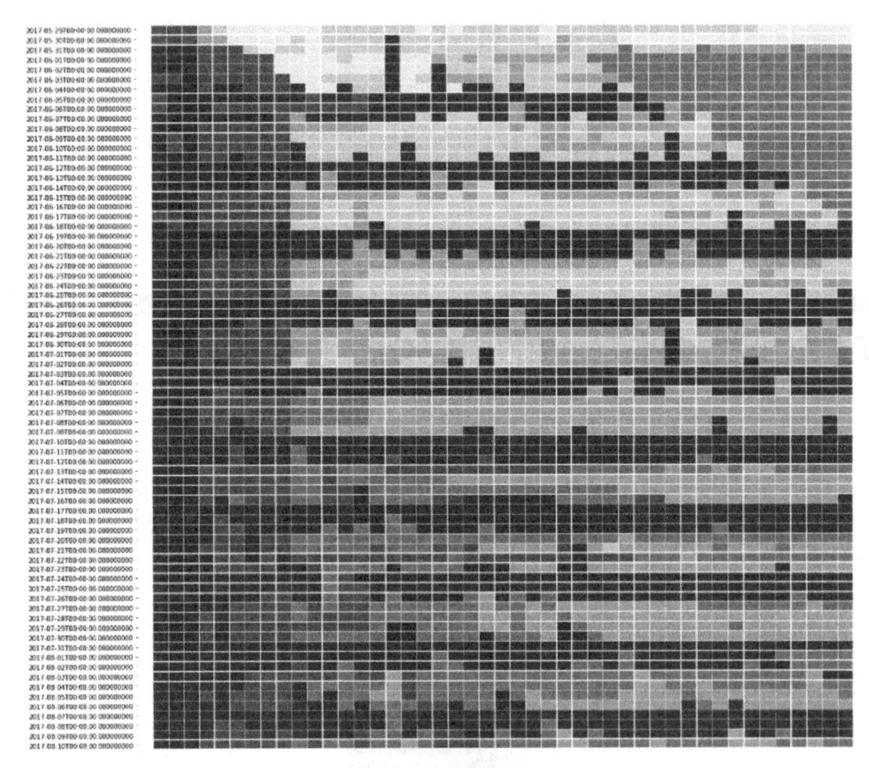

图 6-18　机票价格

可以发现一周内机票价格是在不断变化的，我们取全年起飞前 14 天的机票平均价格作为参考价格，看看一周内机票价格的变化情况：

```
d_table['depart_date']=d_table.index
d_table['week_day'] = d_table['depart_date'].dt.dayofweek
ax = d_table[[14,'week_day']].groupby('week_day').mean().plot.bar
(y=14, legend=False, ylim=[0,100], color=['gray'])
ax.set_xticklabels(['Monday','Tuesday', 'Wednesday', 'Thursday',
'Friday', 'Saturday', 'Sunday'])
```

如图 6-19 所示，周一到周三价格较高，均价在 8 折左右；周四到周日价格较低，均价在 6 折左右。

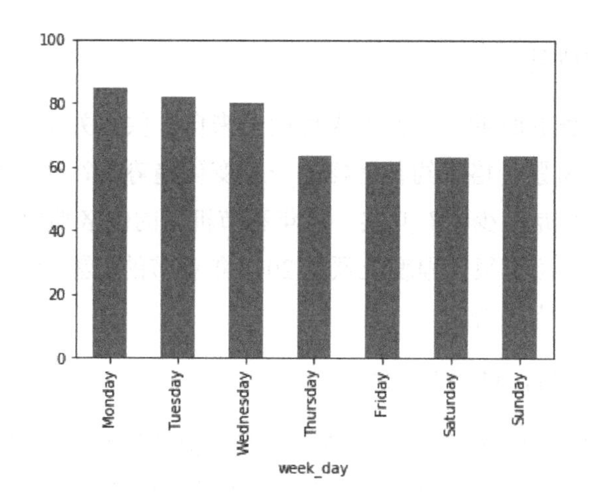

图 6-19　一周内机票价格的变化情况

（3）不同航空公司的情况

南航 CZ3000 的航班的起飞时间比较接近国航的 CA1321 航，输出 CZ3000 航班一年的热图后可以发现，和 CA1321 航班的调价规律有相似之处，如图 6-20 所示。

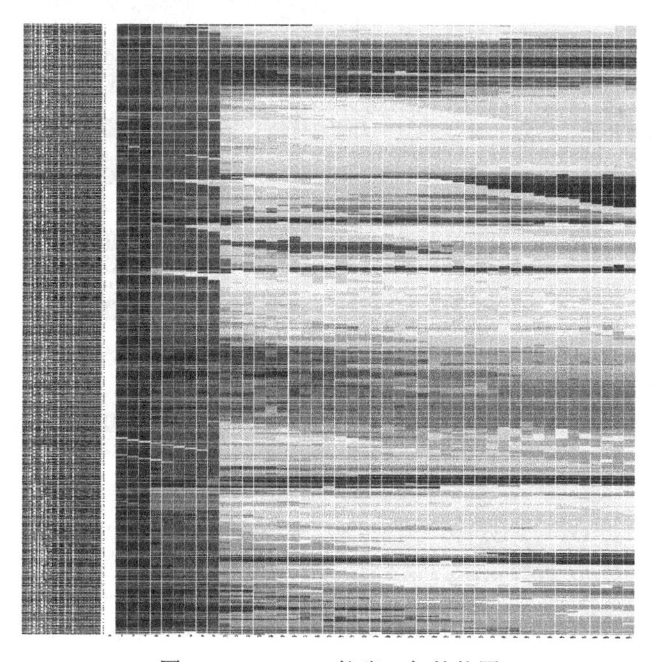

图 6-20　CZ3000 航班一年的热图

（4）节假日的情况

在春节这个特殊的时期，定价很大程度上来自于供需关系。如果能确定好出发时间和地点，那么机票价格大约是怎样的一个变化趋势呢？什么时候该买机票呢？可能买到的最低价位是多少呢？其实，每年春节机票的价格都相差无几，参考 2017 年春节的机票价格，可以很大程度上预见 2018 年春节的机票价格及走势。下面选择了几个起飞日期来作为参考。

2018 年 2 月 10 日，星期六，放假。

对应于 2017 年 1 月 21 日，星期六，均是节前的最后一个假日，很多人会选择在这天“拼假”回家，2017 年 1 月 21 日热图如图 6-21 所示。

图 6-21 展示了中国机场吞吐量前 29 个城市的机票折扣，横向选择出发城市，竖向选择到达城市，交叉的点就是能买到的最低折扣价格，颜色越深代表价格越高。

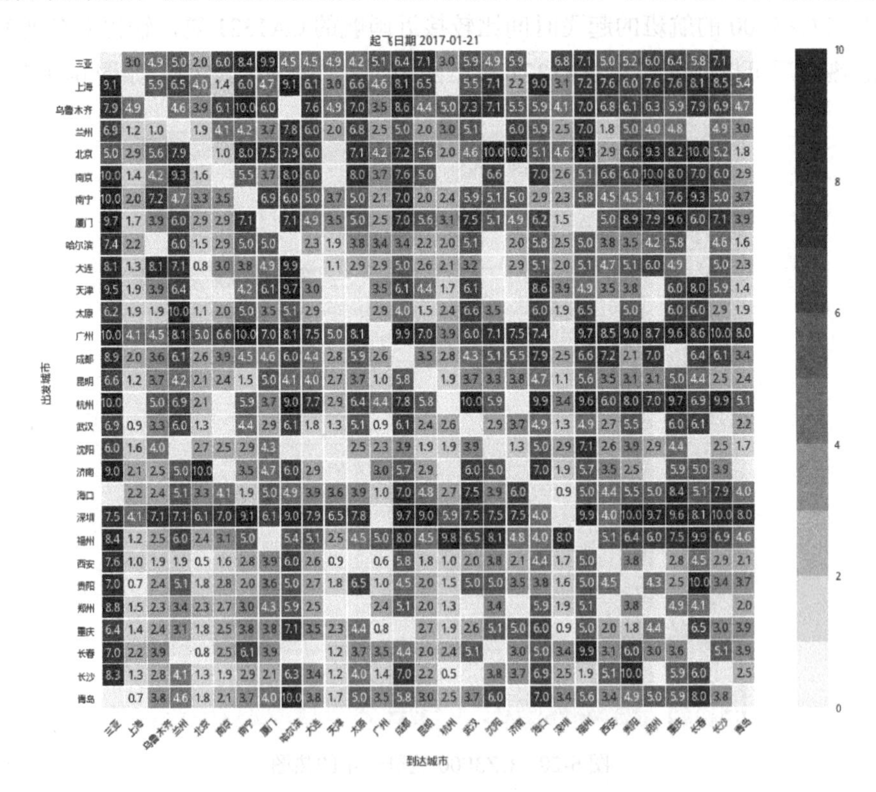

图 6-21　2017 年 1 月 21 日热图

从图中可以看出从北上广深到其他城市的机票价格普遍较高，这是因为从北上广深出发的人很多，所以价格更贵。如果你恰好在这些区域，那么几乎只能买到全价票或者很少的折扣，早点购买是明智的选择，因为机票很可能会售罄。

目的地为三亚、海口的机票价格也保持在一个较高的价位，某些城市（例如兰州）还有机会买到 7 折左右的票。

2018 年 2 月 14 日，除夕前一天。

对应于 2017 年 1 月 26 日，热图如图 6-22 所示。很多人会选择在除夕前一天请假回家。这天起飞的航班的价格与 1 月 25 日起飞的航班的价格相比，可以发现票价有所上调，飞往三亚、海口的机票几乎都是全价票，从北上广深飞往其他城市的机票价格也几乎都是全价票。

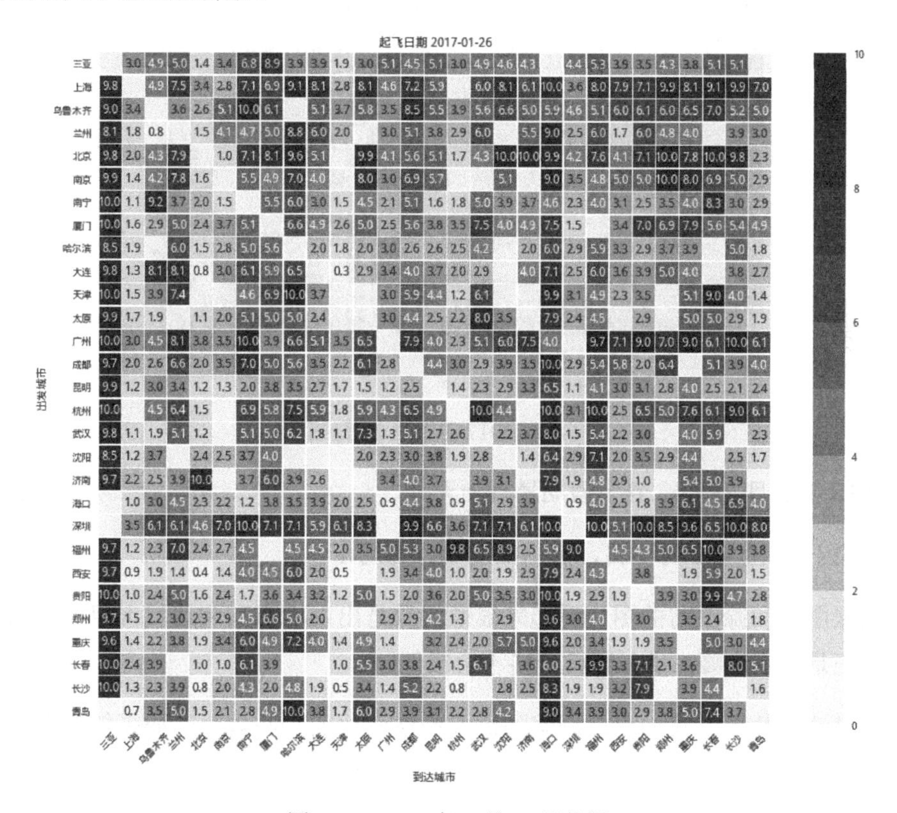

图 6-22　2017 年 1 月 26 日热图

2018 年 2 月 15 日，除夕当天。

对应于 2017 年 1 月 27 日，热图如图 6-23 所示。由于工作的关系，很多人只能在除夕当天回家。这一天的机票价格对比除夕前一天价格有大幅度的回落，即便是之前很火的北上广深飞往其他城市的机票价格也回落到 5 折左右。但旅游热点城市三亚、海口的价格依然很高。

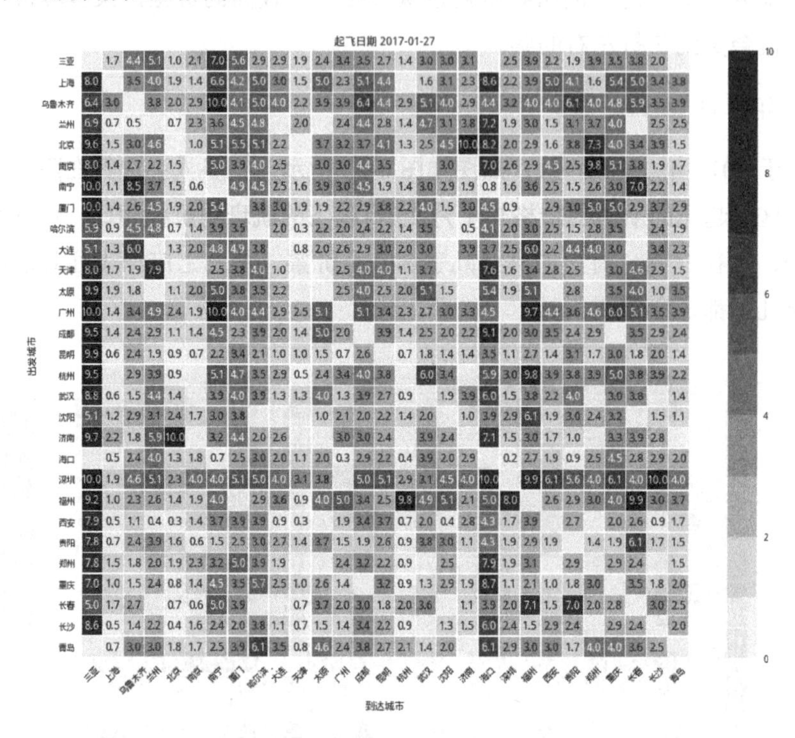

图 6-23　2017 年 1 月 27 日热图

2018 年 2 月 21 日，春节假期最后一天。

对应于 2017 年 2 月 2 日，热图如图 6-24 所示。

这张图片和除夕前的图片看起来很像，只是出发城市和到达城市相反而已。这个时间正是返程高峰，所以机票价格不会很低。

通过这些数据，我们可以洞察到机票价格变化的一些规律，如果能够用更自动化的方式发现这些规律，就可以实现机票价格预测了。

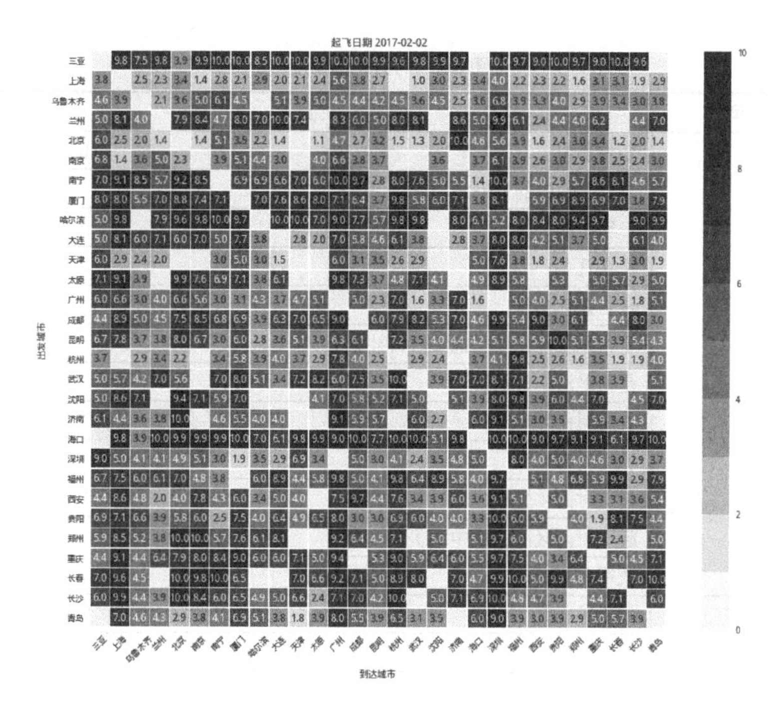

图 6-24　2017 年 2 月 2 日热图

6.6　创新的不确定性

在创新的过程中总会面临各种不确定性，在数据产品的研发过程中同样会面临巨大的挑战。

1. 尝试机器学习

（1）特征分析工程

使用机器学习之前需要对数据进行特征分析工程。在我们的基础数据中，包含了以下一些信息：抓取时间、起飞时间、起飞日期、航班号、航空公司、是否是共享航班、余票、45 天的价格。我们需要对这些数据进行更多的处理以便算法使用。

在维度方面，考虑到之前我们人工分析的结果，机票价格会随着早中晚、星期几、季节、节假日、寒暑假等因素而变化，所以可以增加这些维度，为机器学习提供更多的“知识”，大部分的维度都要进行 one-hot 编码，如表 6-1 所示。

图 6-1 可分析的维度

类 型	维 度
时间	公立月份
	公立月份中的日期
	一年中的周数
	星期几
	是否是休息日
	是否是工作日（考虑节假日补休）
	是否是法定节假日
	农历月份
	农历月中的天
	起飞时间（转换成分钟）
	起飞时间区间（早中晚）
	飞行时长
航班信息	航班编码
	航空公司
	是否是共享航班
	起飞机场三字码
	起飞机场类型（枢纽、中型、小型）
	到达机场三字码
飞机信息	飞机厂商
	载客量（大中小）
价格信息	45 天价格
	7 天、14 天、21 天平均价格
	余票

（2）数据划分

整个数据集包含了 2 年的数据，数据量巨大，我们先选择一个航线来研究，例如，成都到广州的航线，来减少数据量，总结规律。在数据集的划分上，我们将 1 年的数据作为训练数据，用接下来的 2 个月的数据作为验证数据，然后再用接下来的 2 个月的数据作为测试数据，如图 6-25 所示。

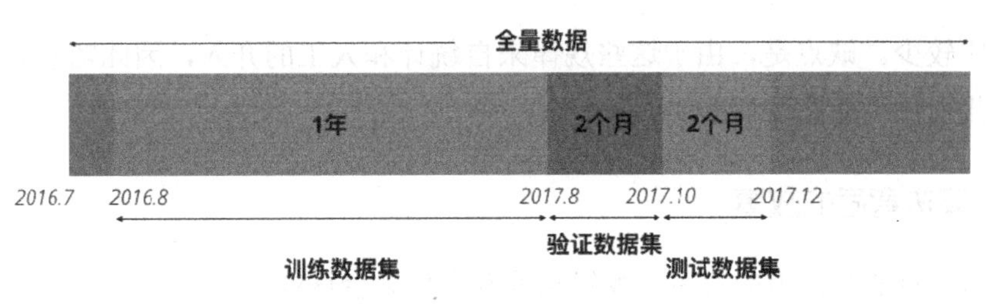

图 6-25 数据划分

（3）算法

在奥伦·埃齐奥尼发表的论文中阐述了 Rule Learning（规则学习）、Q-learning（Q 值学习）、Time Series（时间序列）和 Stacked Generalization（堆栈泛化）几种算法。在离线环境中，我们可以选择的算法种类比较多。Python 的 scikit-learn 模块提供了丰富的算法供我们尝试。基于深度学习的 TensorFlow 也提供了神经网络的 GPU 加速方案，通过多层的神经网络可以在一定程度上进行分类和预测。

但机器学习算法也存在一些问题，它能够在一定程度上解决预测的问题，但训练模型较为耗时，有时针对一些特殊的场景并不能得到满意的结果。其次，将模型放到互联网上进行计算通常开销比较大，需要载入的数据量也比较多。

2. 专家系统

我们想通过更轻量级的方式进行预测，达到成本和预测准确率之间的平衡。通过对数据的统计分析和对一些经验的验证，可以得出一些比较简单有效的规律，形成一个专家系统。简单的购买机票的规律如表 6-2 所示。

表 6-2 简单的购买机票的规律

规　律	动　作	该价格比后续购买价格更低的可能性
当距离起飞时间小于 7 天	购买	83%
7 天<距离起飞时间<14 天	当价格变化时（不管是涨价还是跌价），购买	68%
价格低于历史同期价格	购买	91%
春节假期，21 天<距离起飞时间<28 天	购买	72%

这些规律在线上预测系统里面的代码为 if...else 片段，执行效率很高，需要的数

据量也比较少。缺点是，由于这些规律来自统计和人工的介入，因此随着时间的推移，这些规律可能会逐渐失效。

3. 算法背后的故事

在这些算法和经验的背后，我们来看看为什么会这样。

“中航信”拥有国内唯一一家机票代理和销售系统，占国内民航计算机订票市场份额的 90%。除民营春秋航空公司外的所有国内航空公司的机票，都是通过中航信的系统销售的。从业内的人士了解到，各个航空公司在价格制定方面多为人工操作，并且收益管理员之间有类似的知识结构，所以在调价的策略上都有相似之处，在前面的数据分析中刚好也印证了这一点。

6.7 产品设计

Ash Maurya 所著的《精益创业实战》一书中提出了“精益创业”的理念，其核心思想是：开发产品时先做出一个简单的原型——最小化可行产品（Minimum Viable Product，MVP），然后通过测试并收集用户的反馈，快速迭代，不断修正产品，最终适应市场的需求。在“爱飞狗”的设计上，也遵循这个原则，将对用户最有价值的功能开发出来，通过用户行为跟踪、分析和反馈，不断对产品进行优化。

1. 价值优先级排序

完整的订票流程如图 6-26 所示。

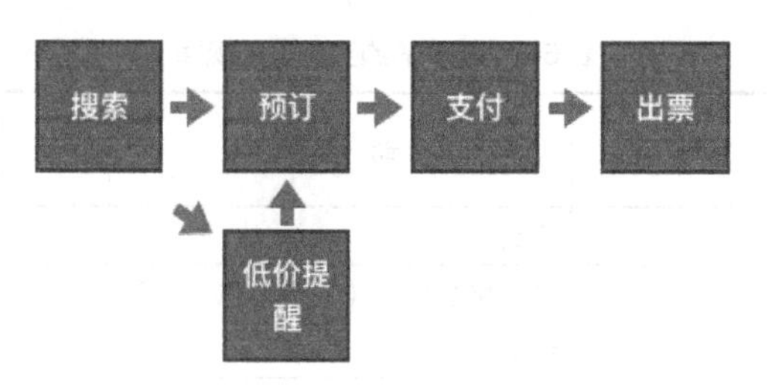

图 6-26 完整的订票流程

根据之前识别出的业务价值，我们需要向用户提供历史价格、近期价格以及购票建议三个模块。这三个模块需要放在搜索和预订之间，以便用户能够尽快看到数据，我们得到了如图 6-27 所示的服务地图。

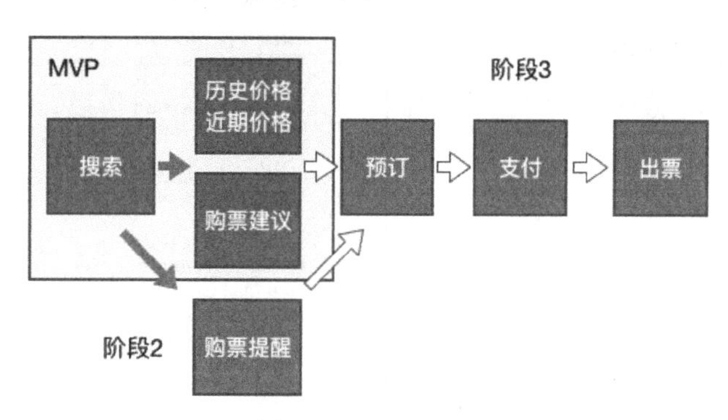

图 6-27　服务地图

在精益思想的指导下，我们知道应在资源有限的条件下尽快提供用户最大价值的产品，所以我们不准备打造完整的业务链条，也不求完美地预测结果，而是尽快提供差异化的业务和基本可用的预测。这样就确立了图 6-27 中的 MVP 阶段，其他功能则放在阶段 2 和阶段 3 中进行开发。

2. 快速迭代开发

为了快速迭代开发，我们选择了微信小程序这个平台，相对传统移动 APP 开发，小程序开发、维护、升级更为方便，并且有微信生态圈的支持，更容易获得流量，用户使用也更方便。

在界面上，为了降低用户的使用难度，产品的设计界面和几大知名旅行 APP 的设计界面较为相似。MVP 阶段界面分为主页面、价格列表和价格详情三部分。

（1）主界面

主界面与其他 APP 尽量保持一致，降低用户的使用难度，如图 6-28 所示。

（2）价格列表

价格列表主要用来展示机票的实时价格，在此基础上，增加一个历史同期最低价格的展示，以便用户做出初步的选择，如图 6-29 所示。

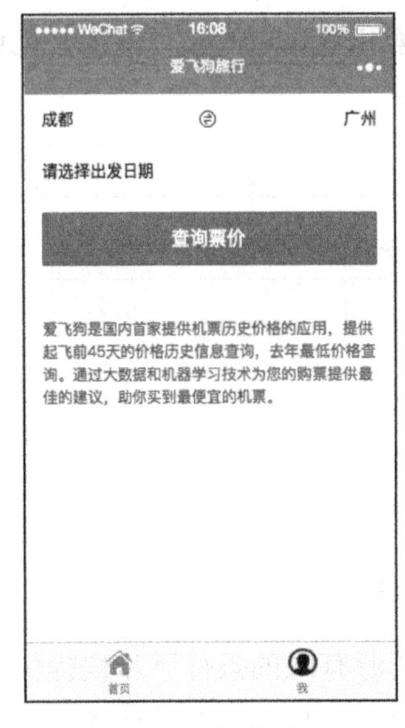

图 6-28　主界面

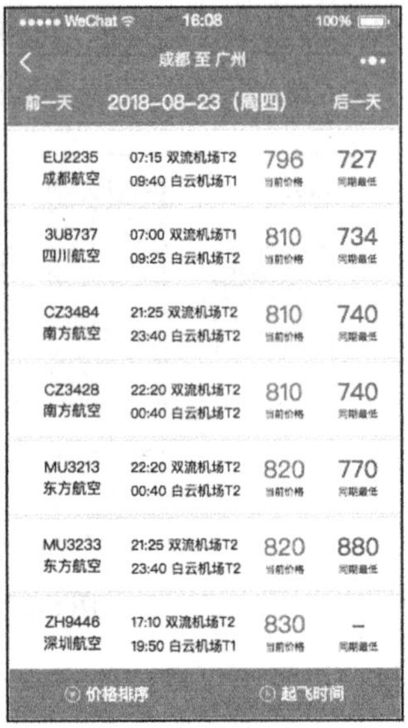

图 6-29　价格列表

（3）价格详情

价格详情主要用来展示购票建议、近期价格波动和去年同期最低价格及波动，如图 6-30 和图 6-31 所示。

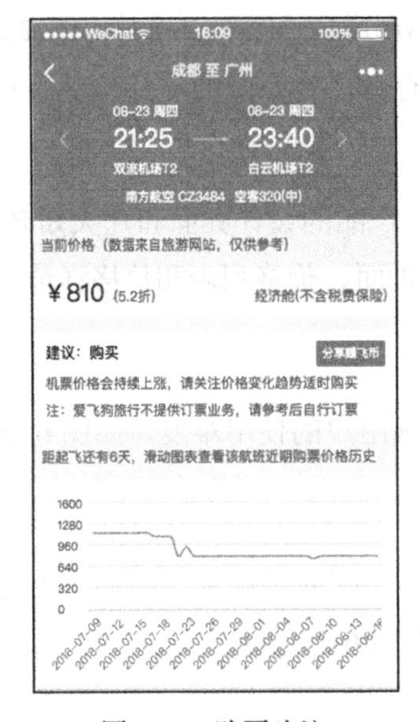

图 6-30　购票建议

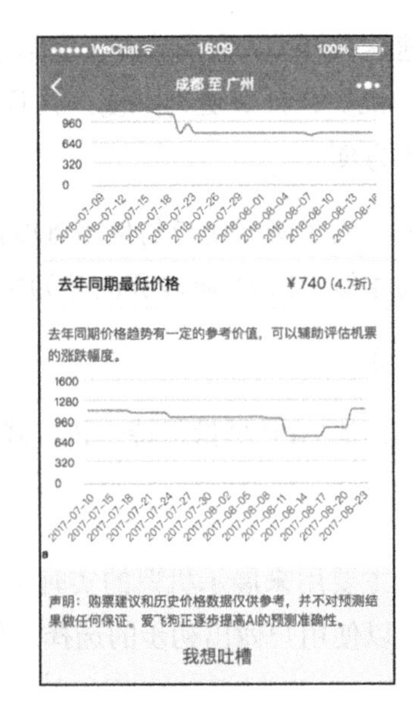

图 6-31　去年同期最低价格及波动

MVP 阶段仅提供上述这些基本功能。

3. 轻量级的架构设计

为了满足 MVP 阶段的需求，我们设计了一个可工作的架构来支持数据采集和线上展示等任务，如图 6-32 所示。

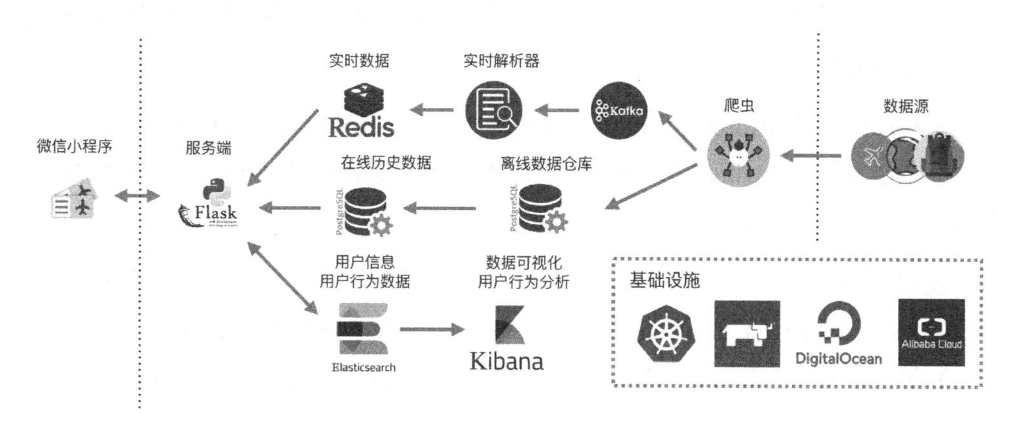

图 6-32　架构设计

（1）微信小程序

微信小程序采用标准的小程序的开发方式，前端采用 ZanUI 组件进行快速开发，图表使用 wx-charts（https://github.com/xiaolin3303/wx-charts），也可以使用百度的 ECharts，但目前性能不是很好，在手机上易出现卡顿现象。

（2）后端

作为后端的总入口，服务端使用了 Flask 这个轻量级的框架进行快速开发。

实时数据通过 Redis 提供数据，如果找不到数据，则直接解析数据源网站，这样可以大大减少对数据源网站的请求，避免被数据源网站屏蔽访问，但实时性可能会稍差。

Redis 数据则来源于爬虫。爬虫会将抓取到的原始数据发送给 Kafka 进行转发，实时解析器会监听 Kafka 的一个主题对原始数据进行实时解析，将解析的结果放进 Redis 进行缓存。

服务端历史数据查询接口会从数据库中提取出数据进行计算并返回给前端。经过离线计算发现，机票价格经常波动，可以按照早上6点、中午12点、晚上8点取平均值。这些经过计算的数据会放到线上的一个PostgreSQL数据库中供使用。

（3）用户行为收集

为了分析用户的行为，以便对系统做进一步的优化，前端小程序会对用户的行为进行埋点采集。

小程序用户统计和分析有很多现成的产品，比如微信小程序自带的分析工具、阿拉丁、Google Analytics等，但这些产品不能提供复杂的定制功能，并且数据存储在第三方服务中，不利于后续的深层次的分析。

我们想到一些简单的数据：当用户发出一些动作时，比如单击查询按钮时可将时间戳、用户的UUID、行为以及一些附加信息（例如，出发机场、到达机场、出发时间）等数据发送给服务端。然后，服务端将数据保存到Elasticsearch中供查询。

Elasticsearch可以方便地存储各种类型的半结构化的信息，不用为数据结构的变更发愁。它还提供了高效的搜索机制，结合Kibana可以方便地进行实时的数据可视化和用户行为分析。Elasticsearch 同时还存储了一些用户相关的信息，例如 Session的值。

小程序中收集数据的代码如下：

```
//util.js
const reportAnalytics = (actionTag, data) => {
  try {
    wx.request({
      url: `${getApp().globalData.env.baseUrl}/report`,
      method: "POST",
      data: {actionTag, data}
    })
  }
  catch (ex) {
  }
}

// app.js
```

```
// 采集正在进行实时搜索的数据
util.reportAnalytics('realtime_search', {
    depart_city: departCity,
    arrive_city: arriveCity,
    depart_date: departDate,
    error: res.statusCode,
    flights: data.length
});
```

服务端代码如下：

```
class Reporter(Resource):
    def post(self):
        req = request.get_json()
        user_id = user.get_user_id()    # 提取用户的 uuid
        body = {
            'user_id': user_id,
            'timestamp': datetime.datetime.now(),
            'action': req
        }

        res = es.index(index=USER_STATS_INDEX, doc_type='user',
body=body)
        return {}

api.add_resource(Reporter, "/api/report")
```

（4）用户行为数据可视化

使用 Kibana 可以方便地看到 Elasticsearch 中存储的数据，并且能够根据时间进行筛选，如图 6-33 所示。

通过 user_id 能够跟踪一个用户的使用习惯，还原用户的行为。

查看用户搜索，如图 6-34 所示。

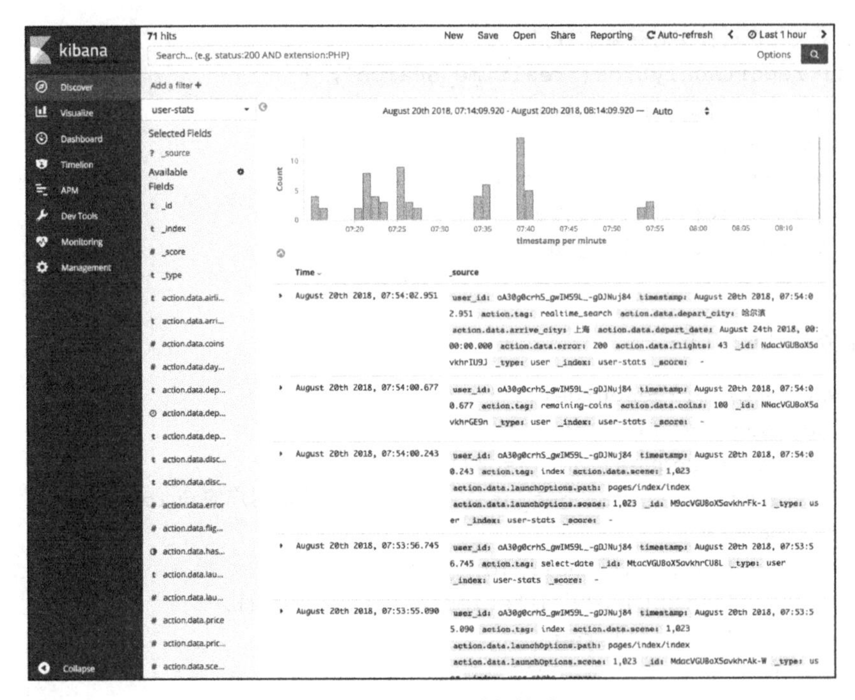

图 6-33　Kibana 时间筛选

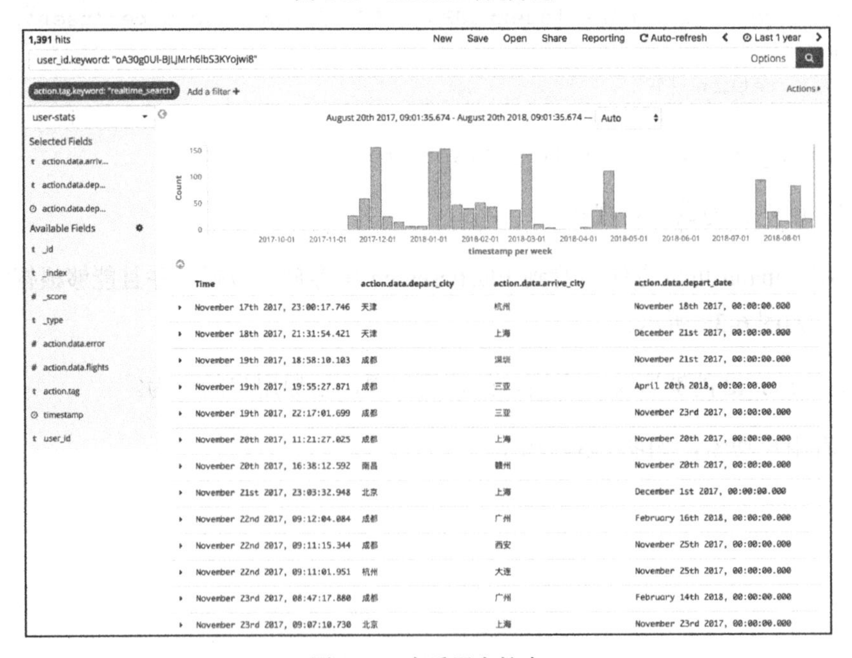

图 6-34　查看用户搜索

还原用户的行为，如图 6-35 所示。

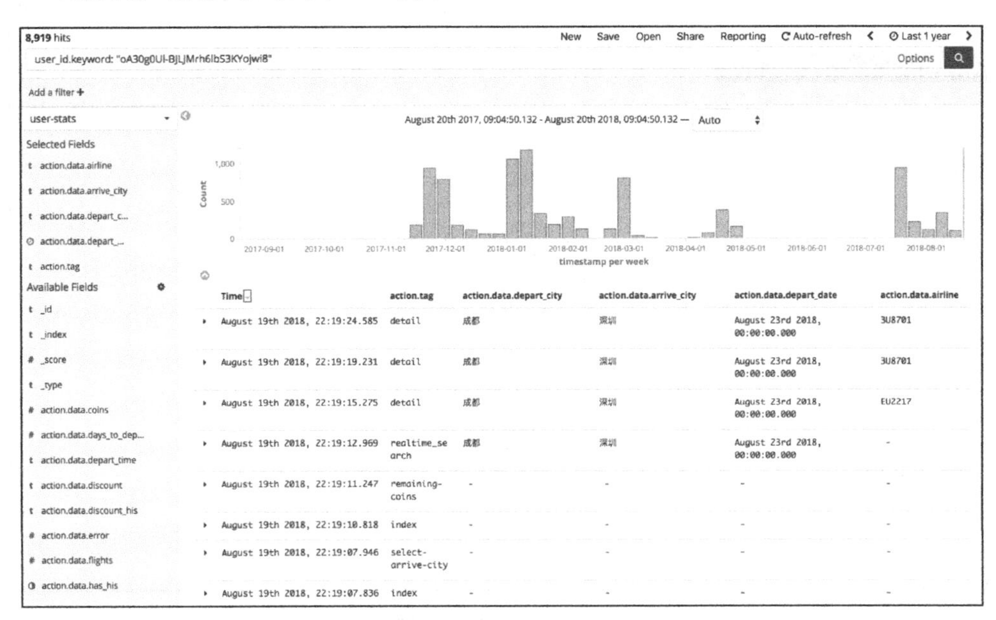

图 6-35 还原用户的行为

在 Kibana 中，我们添加一个图表后，选择“Last 1 year”，对一年内的数据进行分析，字段选择“action.data.days_to_depart”。该字段由前端收集回来，用户每单击一次搜索或者更改一次时间，都会收集到这个数据中。

通过对近一年的数据分析可以发现，大部分用户关注的都是起飞前一个月左右的航班，而一个月以上的航班则关注得比较少。

起飞前天数对应的用户数如图 6-36 所示。从图 6-36 中能看出一个异常，就是距离起飞时间天数为 0 的搜索比较多，这是产品早期设计的一个问题。当时将起飞时间默认为系统当前时间，但运营一段时间后发现这个默认时间并不成立，因为用户想要的起飞时间并不确定，所以后续去掉了这个功能，改为必须由用户选择。

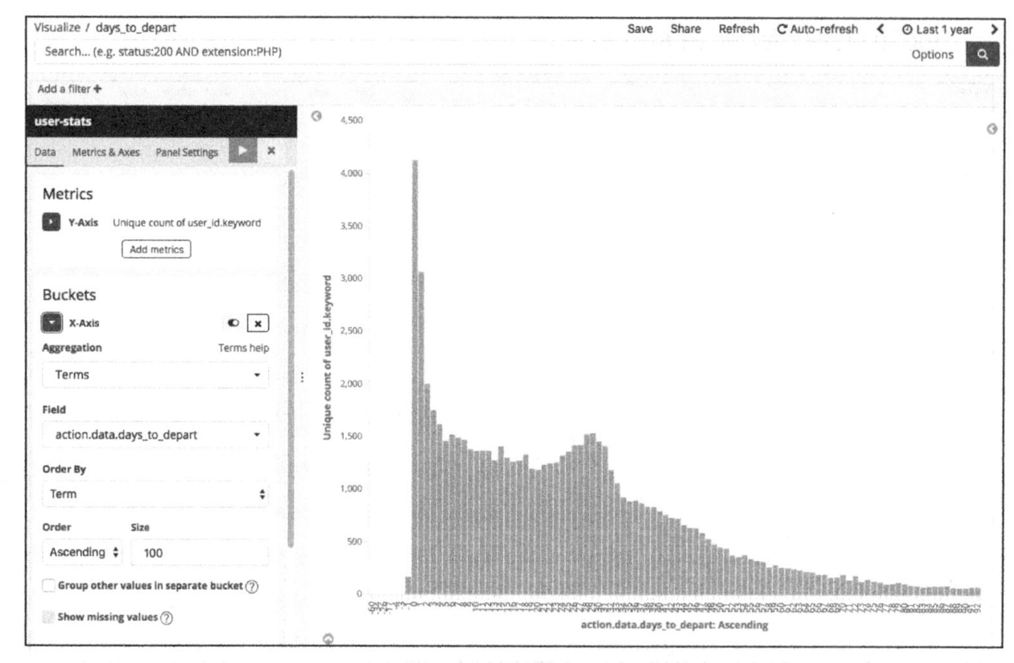

图 6-36　起飞前天数对应的用户数

Kibana 还提供了 Dashboard（仪表盘）功能，在仪表盘上可以添加多个已经创建好的图表，如图 6-37 所示。

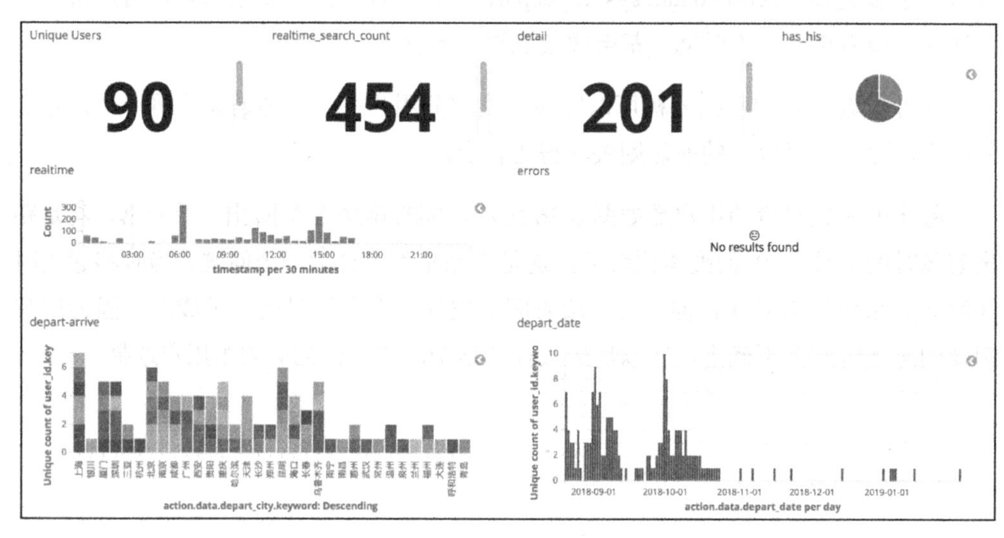

图 6-37　Kibana 仪表盘可以展示创建好的图表

- 一天内的访问次数、搜索次数、展示详情的次数等基本信息。
- 错误报告：目前为 0，说明没有错误发生。
- 出发城市和到达城市的一个柱状图：可以看到城市的搜索次数。
- 出发时间：可见 8 月底的时候，已经有人开始搜索 9 月开学日和 10 月国庆假期的机票价格了。

（5）基础设施

良好的基础设施建设能够为服务提供更为稳定的支持，简化开发、运维的难度。

近几年来，Docker 容器技术发展迅速，使得开发环境、产品环境都有了统一的环境；Kubernates 编排引擎强大的支持使得应用部署、版本升级、版本回滚、服务扩容、容错变得更为简单；Rancher 2.0 简化了 Kubernates 复杂的安装，提供了一个更加好用的界面。

国外的虚拟主机（例如 DigitalOcean 和 Linode）提供了较大的带宽，性价比较高，适合部署爬虫应用。

微信小程序必须要备案的主机，可以选择较为稳定的阿里云作为云服务商。

Rancher 集群如图 6-38 所示。

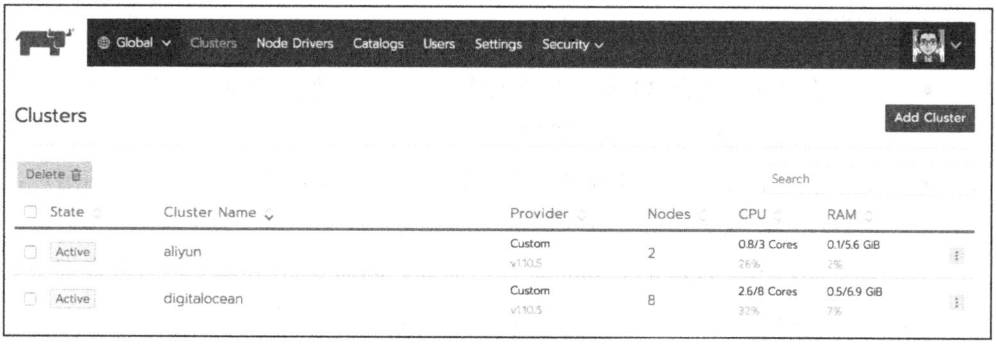

Global Clusters Node Drivers Catalogs Users Settings Security

Clusters

Add Cluster

Delete

Search

State	Cluster Name	Provider	Nodes	CPU	RAM
Active	aliyun	Custom v1.10.5	2	0.8/3 Cores 26%	0.1/5.6 GiB 2%
Active	digitalocean	Custom v1.10.5	8	2.6/8 Cores 32%	0.5/6.9 GiB 7%

图 6-38 Rancher 集群

6.8 产品交付

产品交付的过程分为快速原型开发和迭代交付两个过程。

在快速原型开发过程中，我们将 MVP 所需要开发的功能分为 4 个迭代进行开发，每个迭代一个星期。在紧张的一个月的开发过程中，完成从搭建基础架构、业务流程跑通、价格预测功能开发、产品上线 4 个过程。完成后的产品虽然很粗糙，但已经能够提供最有价值的数据了，产品交付的两个过程，如图 6-39 所示。

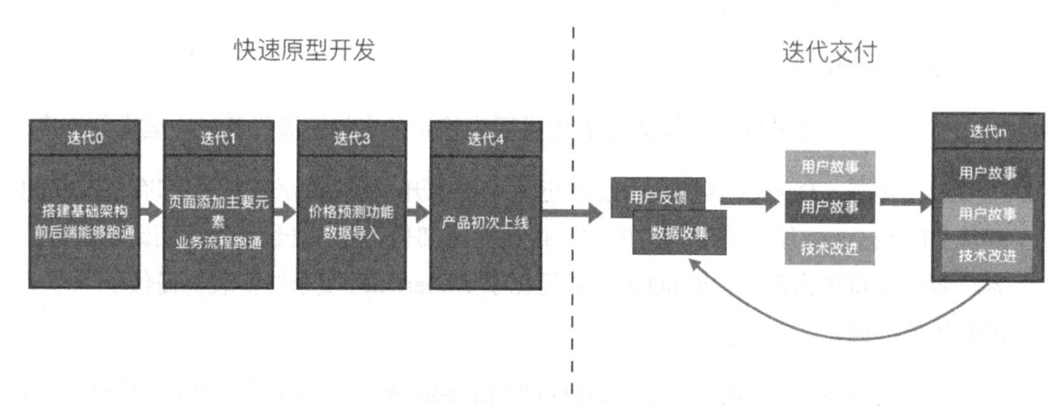

图 6-39　产品交付的两个过程

最后，进入迭代交付的过程。该过程以产品原型为基础，不断收集用户反馈和用户行为数据。我们会对这些数据和需求进行整理，形成一个个的用户故事和技术改进的卡，然后对这些卡进行优先级排序，并放在迭代中进行开发。例如，我们通过后台数据发现：

- 很多人会在起飞前 30 天左右查询票价，由此我们就形成一张技术改进卡，提高提前 30 天购票的预测的准确性。
- 通过微信小程序的统计发现，大多数用户都是 18 岁到 28 岁之间的用户，对这些用户我们要进行针对性的推广宣传。
- 在早期，由于只采集了 800 条热门航线，因而导致 40%左右的人查询不到历史价格，后续我们将航线范围扩大到 2800 条直飞航线。

每个迭代都进行相似的过程，才能使得产品不断地进步、提升。

6.9　总结

本章介绍了一个小产品从 0 到 1 的完整开发过程。

（1）以爬虫获取数据，在爬虫架构设计上以高效、低成本的方式进行，使得长期运行成本不至于太高。

（2）数据分析方面使用 Pandas 进行基础分析。在预测系统方面首先尝试了机器学习的方式，然后考虑实际情况采用在线的专家系统。

（3）在找到数据的价值后，我们通过服务地图和数据原型对产品进行定义，找出 MVP。

（4）在交付产品的过程中，我们对 MVP 进行快速交付，采用轻量级的数据架构，以便在后续业务发生变化时能够灵活应对。

（5）持续交付的过程中首先进行快速原型开发并将产品上线，后续采用迭代交付的方式对产品进行不断完善。